山东省主要作物
精细化农业气候资源区划

薛晓萍 等 · 著

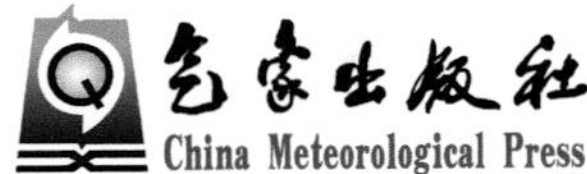

内容简介

本书利用山东省 1991—2020 年 122 个国家级地面气象观测站平均气温、最高气温、最低气温、降水量、日照时数、风速等逐日气象资料，结合山东省冬小麦、夏玉米、大豆、棉花、花生、生姜、大蒜和苹果 8 种主要作物生长发育对气候条件的需求，综合考虑坡度、坡向、海拔高度、土壤类型等，开展了农作物生长发育全过程主要气候、地形和土壤因子空间分布分析及气候适宜性、地形适宜性、土壤适宜性区划；利用层次分析和加权综合评价法，对 8 种作物农业气候资源进行了精度为 1 km×1 km 的精细化区划，可为山东省农业种植结构调整、气候资源利用、乡村振兴赋能等提供科技支撑。

图书在版编目（CIP）数据

山东省主要作物精细化农业气候资源区划 / 薛晓萍等著. -- 北京 : 气象出版社, 2023.10
ISBN 978-7-5029-8080-1

Ⅰ. ①山… Ⅱ. ①薛… Ⅲ. ①农业气象－气候资源－气候区划－山东 Ⅳ. ①S162.225.2

中国国家版本馆CIP数据核字(2023)第205888号

山东省主要作物精细化农业气候资源区划
Shandong Sheng Zhuyao Zuowu Jingxihua Nongye Qihou Ziyuan Quhua

---

出版发行：气象出版社
地　　址：北京市海淀区中关村南大街 46 号　　**邮政编码**：100081
电　　话：010-68407112(总编室)　010-68408042(发行部)
网　　址：http://www.qxcbs.com　　**E-mail**：qxcbs@cma.gov.cn
责任编辑：张　媛　　**终　　审**：张　斌
责任校对：张硕杰　　**责任技编**：赵相宁
封面设计：艺点设计
印　　刷：北京建宏印刷有限公司
开　　本：787 mm×1092 mm　1/16　　**印　　张**：7.25
字　　数：187 千字
版　　次：2023 年 10 月第 1 版　　**印　　次**：2023 年 10 月第 1 次印刷
定　　价：60.00 元

编委名单

组长：薛晓萍　陈　辰

成员（按拼音顺序排序）：

董智强　冯建设　李曼华

李　楠　张继波　张　乾

前　言

山东省属暖温带季风气候，降水集中，雨热同季，光照充足，适合多种农作物生长，也是中国种植业的发源地之一。全省地形复杂，境内中部山地突起，西南、西北低洼平坦，东部缓丘起伏，以平原、丘陵、山地为主要地貌类型。土壤类型众多，包含棕壤、褐土、潮土等多种类型，土壤资源丰实，为农业种植业提供了有利条件。

本书选取了玉米、小麦、棉花、花生、大豆、生姜、大蒜、苹果 8 种主要农作物，通过调研、试验、查阅文献、专家咨询等途径，充分分析了各作物对气候条件的需求，结合作物发育期，选取了气温、积温、降水、日照等影响作物生长发育的主要气候因子，并充分考虑了坡度、坡向、土壤类型等对作物种植、生长的影响，基于气候因子空间分布特征分析，开展了精细化农业气候资源区划，为种植结构调整、趋利避害合理利用气候资源、助力乡村振兴提供了科技支撑。

本书由薛晓萍负责整体设计、技术把关与审核，陈辰负责全书统稿、协调联系、返修意见汇总等工作。具体分工如下：研究概况由李楠、张继波负责完成，小麦、玉米区划由冯建设负责完成，棉花、大豆区划由李曼华负责完成，花生区划由陈辰负责完成，生姜、大蒜区划由董智强负责完成，苹果区划由张乾负责完成。

区划结果对区域农业农村经济发展有重要指导作用，可为农业部门、生产大户因地制宜优化种植业布局以及应对气候变化提供参考。由于编写组水平有限，本书难免有不足之处，敬请读者批评指正。

作者

2023 年 5 月

目　　录

第一章　研究概述

第一节　山东省自然概况

一、地理位置

山东省位于中国东部海岸，地处黄河下游，位于114°36′—122°43′E，34°25′—38°23′N（图1.1），境域包括半岛和内陆两部分，山东半岛突出于渤海、黄海之中，同辽东半岛遥相对峙；内陆部分自北而南与河北、河南、安徽、江苏4省接壤。据2020年发布的《山东省统计年鉴》显示，全省土地面积为15.80万 km^2。

山东省分属于黄、淮、海3大流域，境内主要河流除黄河横贯东西、大运河纵穿南北外，其余中小河流密布全省，主要湖泊有南四湖、东平湖、白云湖、青沙湖、麻大湖等。地形复杂，泰山雄踞中部，主峰海拔高度为1532.7 m，为全省最高点；黄河三角洲海拔高度为2～10 m，为全省陆地最低处。境内以平原、山地、丘陵等地貌为主，其中西部、北部是黄河冲积而成的鲁西北平原区，是华北大平原的一部分；中南部为山地丘陵区；东部大都是起伏和缓的波状丘陵区。

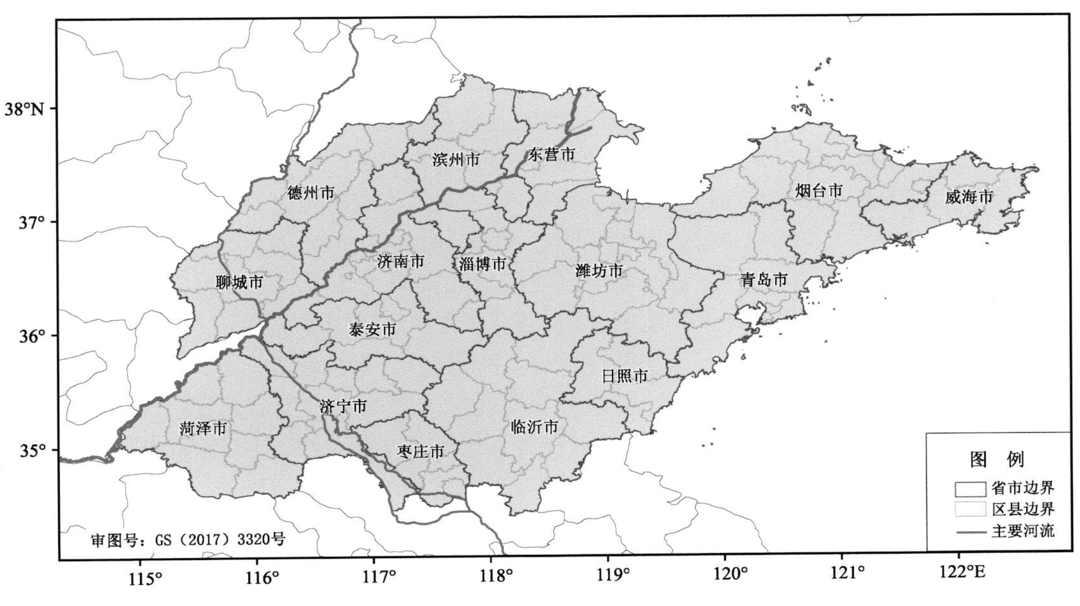

图1.1　山东省行政区划分布

二、气候概况

山东地处东亚中纬度，属于暖温带季风气候，降水集中，雨热同季，四季分明。春季天气多变，多风少雨；夏季盛行偏南风，炎热多雨；秋季天气清爽，冷暖适中；冬季多偏北风，寒冷干燥。

全省年平均气温为 13.8 ℃，基本遵循由西向东递减的分布规律，各地年平均气温在 11.9（成山头）～15.4 ℃（邹城），其中鲁南大部及鲁西北、鲁中部分地区在 14 ℃以上，半岛大部地区在 13 ℃以下，其他地区在 13～14 ℃。各地极端最高气温在 32.7（成山头）～43.0 ℃（邹平），其中鲁南、鲁西北西部、鲁中部分地区在 41 ℃以上，半岛东部地区在 39 ℃以下，其他地区在 39～41 ℃。各地极端最低气温在－22.6（阳信）～－12.9 ℃（成山头），鲁西北、鲁中部分地区及鲁南、半岛局部在－18 ℃以下，鲁南、半岛部分地区在－15 ℃以上，其他地区在－18～－15 ℃。

全省年平均降水量为 665.9 mm，呈南多北少分布，各地在 510.3（武城）～881.8 mm（临沂），其中鲁南、鲁中、半岛东部部分地区在 700 mm 以上，鲁西北部分地区及鲁中、鲁西南局部在600 mm 以下，其他地区在 600～700 mm。

全省年平均日照时数为 2323.5 h，呈北多南少分布，各地在 1923.4（成武）～2654.8 h（龙口），其中半岛大部、鲁西北部分地区及鲁中局部在 2400 h 以上，鲁南部分地区及鲁中、鲁西南局部在 2200 h 以下，其他地区在 2200～2400 h。

山东省气象灾害种类多，按照出现频率高低和危害的严重性，依次为暴雨洪涝、强对流（雷电、雷暴大风和冰雹）、雾霾、寒潮与低温冷害、大风、热带气旋、雪灾、高温、干旱和干热风等，是中国气象灾害最严重的省份之一。尤其在气候变暖背景下，全球气候不断出现大范围异常现象，极端天气气候事件频率也呈现增加趋势，给社会经济的持续发展、农业生产、人民生命财产造成了严重影响和损失。

三、地形概况

山东省位于华北平原东部，平原地区占全省面积的一半以上，因而地势总体较平缓，绝大部分地区坡度都在 1.5°以下，尤其鲁西北、鲁西南地区；中部山区坡度相对较大，其中大于 10°的地区分布于淄博、济南、泰安、日照、烟台、青岛、威海及枣庄、临沂的北部；全区大于 30°的陡坡极少，主要分布于泰山市泰山区附近。山东省坡度空间分布如图 1.2 所示。

各坡向空间分布较为均匀，其中无坡主要分布在鲁西北东部地区，偏南坡、东坡、西坡、偏北坡在全省分布较为均匀。无坡、偏南坡、东坡、西坡、偏北坡面积分别占全省面积的 1.7%、39.4%、10.1%、10.2%、38.6%。山东省坡向空间分布如图 1.3 所示。

海拔高度相对较低，平均海拔高度在 90 m 左右；总体趋势中心高于四周，其中约 1/10 的地区海拔高度小于 50 m，大部分分布于鲁西北、鲁西南等地；海拔高度大于 300 m 地区集中分布于泰安市，淄博市的沂源、博山等地，以及济南市历城区和临沂市平邑县等山区地带，另外以烟台市的栖霞为中心的半岛地区海拔也相对较高。山东省海拔高度空间分布如图 1.4 所示。

四、土壤概况

山东省土壤种类主要有棕壤、潮土、褐土、砂浆黑土、新积土、水稻土、盐碱土、风沙土、石质

注：本书所用面积数据均基于影像内栅格个数及其分辨率统计得出，与实际面积存在一定差异，但不影响总体趋势。

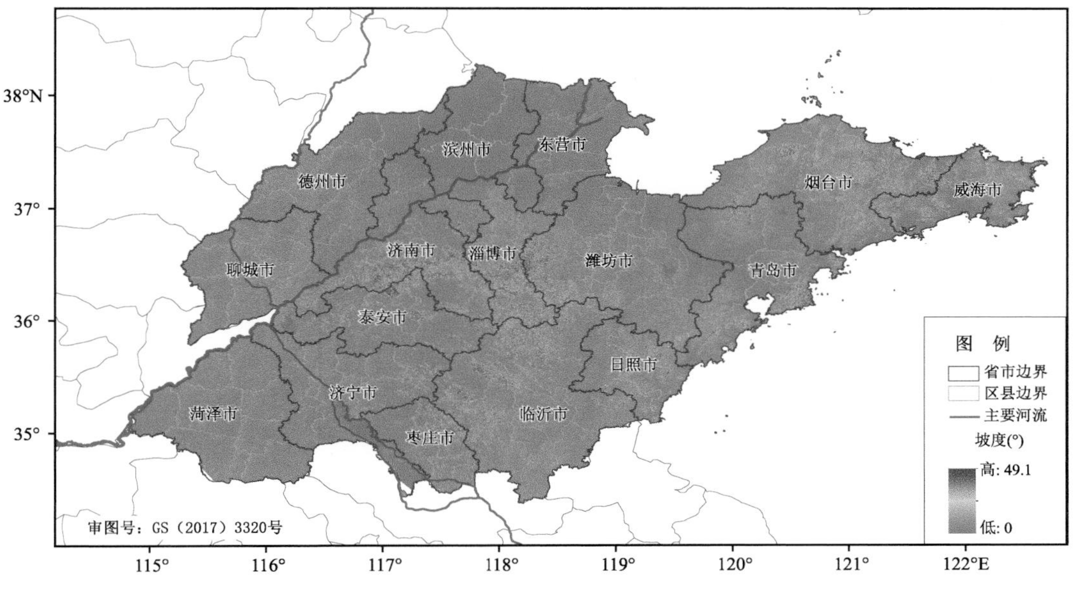

图 1.2　山东省坡度空间分布

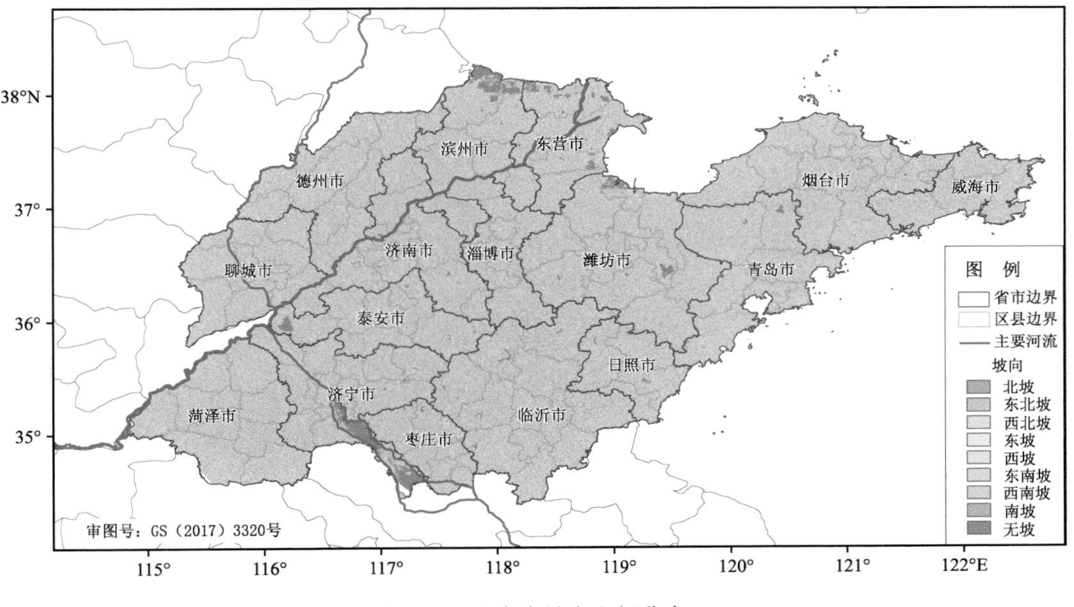

图 1.3　山东省坡向空间分布

土、红黏土十大类；适宜于农田和园地的土壤主要有潮土、棕壤、褐土、砂浆黑土、水稻土 5 个土类的 15 个亚类，其中尤以潮土、棕壤和褐土的面积较大；潮土分布较为集中，绝大部分分布于鲁西北和鲁南地区，面积约占全省总面积的 38.7%；而褐土则沿潮土边缘呈半环状分布，主要分布在鲁中地区，面积占比约为 13.8%。棕壤分布较为零散，与石质土相间分布在鲁中的东部和南部，鲁南及半岛地区，棕壤与石质土的面积占比分别为 18.3%、14.9%；盐碱土主要分

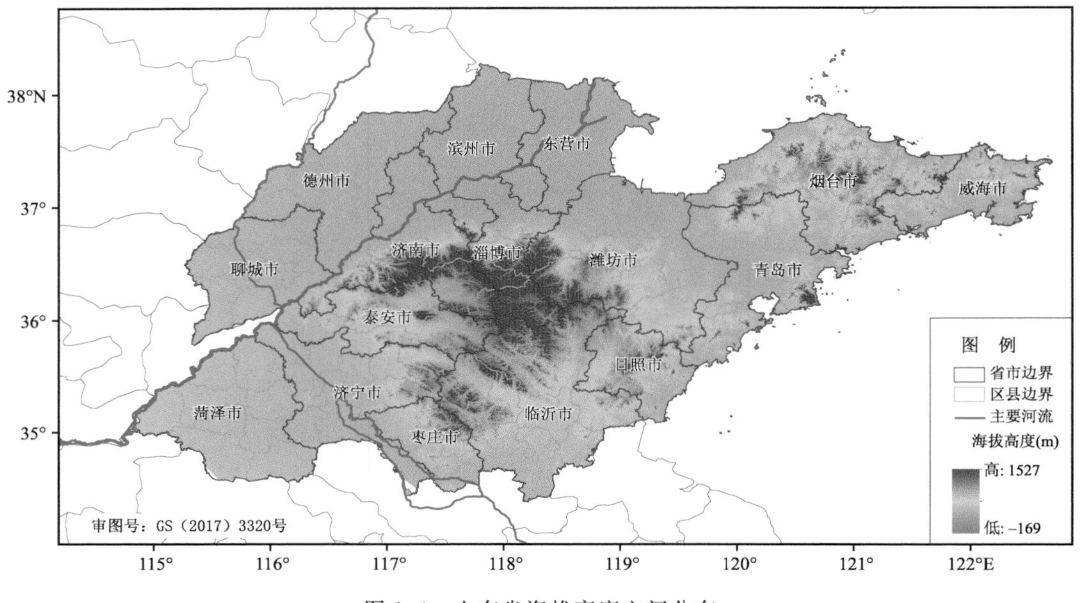

图 1.4　山东省海拔高度空间分布

布于鲁西北的滨海地区，面积占比约为 4.8%。砂浆黑土主要分布在汶上、兰陵、平度、高密等地，面积占比约为 5.3%；水稻土则主要分布在鲁南地区的鱼台、峄城、郯城等地，面积占比约为 2.3%；新积土则主要分布在鲁西北地区的河口区及鲁南地区的东明县等地，面积占比约为 1.4%。风沙土、红黏土零星分布，面积占比分别为 0.4%、0.1%。山东省土壤类型空间分布如图 1.5 所示。

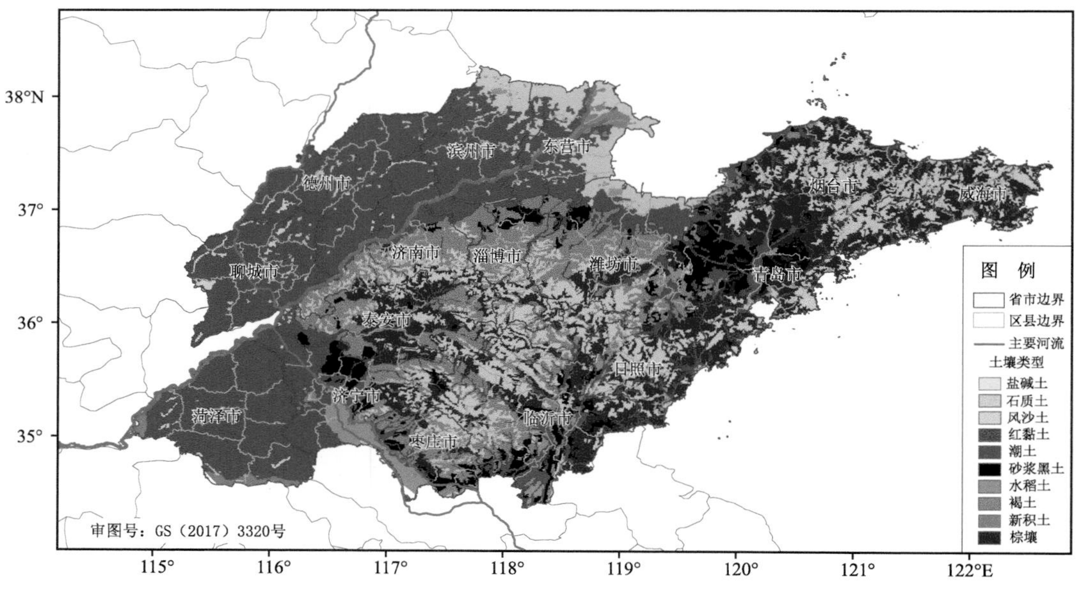

图 1.5　山东省土壤类型空间分布

山东省壤土分布最广，全省48.3%的区域为壤土；沙质黏壤土面积约占全省总面积的22.9%，在全省均有分布；黏土主要分布在高密、河口、无棣等地，面积占比为3.8%。沙壤土、壤质沙土、粉壤土、黏质壤土、沙土在全省零散分布，面积占比分别为9.5%、7.0%、5.7%、2.4%、0.4%。山东省土壤质地如图1.6所示。

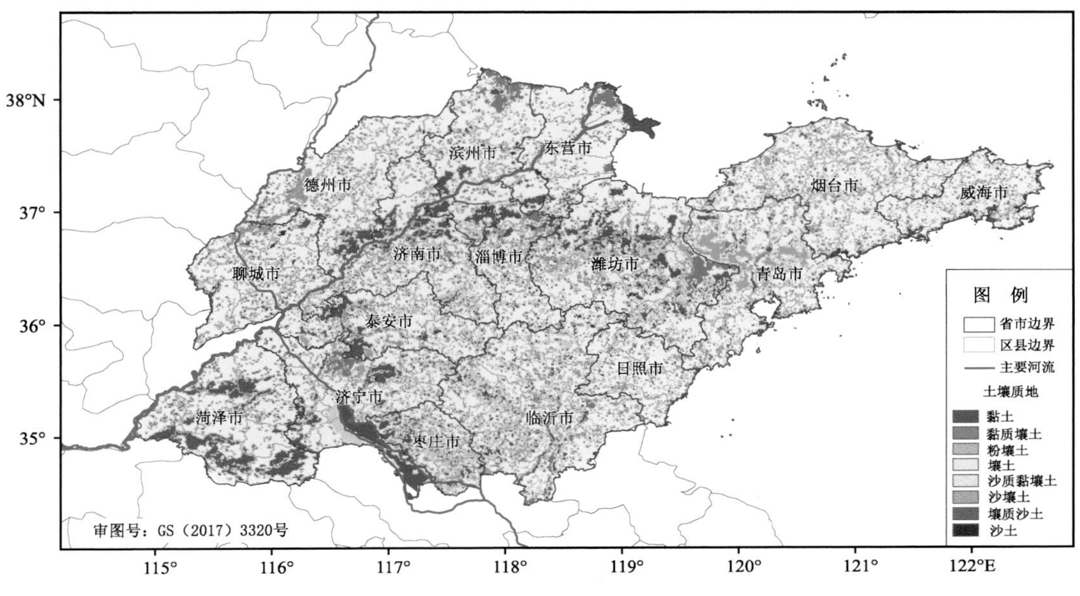

图1.6　山东省土壤质地空间分布

山东省腐殖质厚度总体趋势北部地区好于南部地区，腐殖质在15 cm以上的优质土极少，主要分布在鲁西北地区的冠县、莘县、滨城区等地及半岛地区的莱西、牟平等地，面积约占全省总面积的2.9%；腐殖质厚度在5～15 cm的优质土相对较多，面积占比约为32.7%；其他大多数地区的腐殖质层厚度在5 cm以下，总面积占比约为64.1%，其中，腐殖质在0～3 cm的面积占比约为32.7%；无棣县北部等小部分地区甚至无腐殖质层，面积占比约为0.3%。山东省土壤腐殖质厚度空间分布如图1.7所示。

第二节　资料来源与方法

一、资料来源

本书采用了山东省1991—2020年122个国家级地面气象观测站逐日气象资料，包括平均气温、最高气温、最低气温、降水量、日照时数、风速等要素，来源于山东省气象数据中心；所使用土地利用类型资料来源于中国科学院地理科学与资源研究所；土壤资料来源于世界土壤数据库；行政边界及地形资料来源于国家气象信息中心。

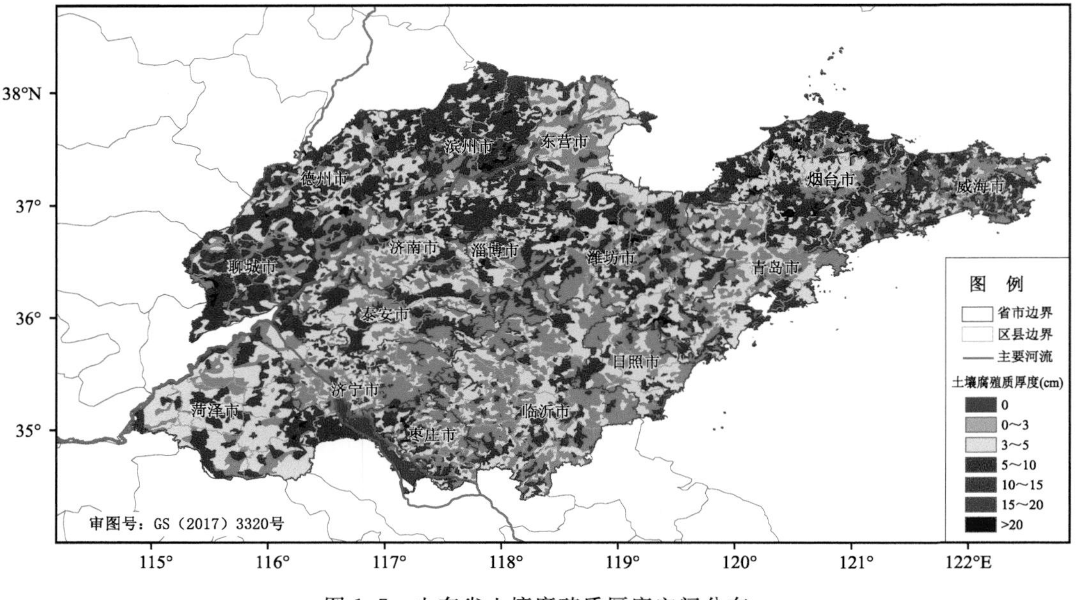

图 1.7　山东省土壤腐殖质厚度空间分布

二、区划方法

(一)空间插值法——克里金(Kriging)插值法

Kriging 插值法是以变异函数理论和结构分析为基础，在有限区域内对区域化变量进行无偏差最优估计的一种方法。通过对已知样点赋权重来求得未知样点值，其表达式为：

$$Z(x_0) = \sum_{i=1}^{n} \lambda_i Z(x_i) \tag{1.1}$$

式中，$Z(x_0)$ 为未知样点值，$Z(x_i)$ 为未知样点周围的已知样点值，λ_i 为第 i 个已知样点对未知样点的权重，n 为已知样点的个数。

(二)因子标准化

在区划过程中，由于所选因子的量纲不同，所以，需要将因子进行标准化。本区划根据具体情况，采用极大值标准化和极小值标准化方法。表示式为

极大值标准化：

$$X'_{ij} = \frac{|X_{ij} - X_{\min}|}{X_{\max} - X_{\min}} \tag{1.2}$$

极小值标准化：

$$X'_{ij} = \frac{|X_{ij} - X_{\max}|}{X_{\max} - X_{\min}} \tag{1.3}$$

式中，X_{ij} 为第 i 个因子的第 j 项指标；X'_{ij} 为去量纲后的第 i 个因子的第 j 项指标；$X_{\min}$ 和 $X_{\max}$ 分别为该指标的最小值和最大值。式(1.2)和式(1.3)，根据区划中因子与作物种植的适宜程度的关系而选择。如果因子与作物种植的适宜程度成正比，选用式(1.2)，反之，选用式(1.3)。

(三)加权综合评价法

加权综合评价法综合考虑了各个因子对总体对象的影响程度，是把各个具体的指标综合起来，集成为一个数值化指标，用以对评价对象进行评价对比。因此，这种方法特别适用于对技术、策略或方案进行综合分析评价和优选，是最为常用的计算方法之一。用表达为：

$$C_{vj} = \sum_{i=1}^{m} Q_{vij} W_{ji} \tag{1.4}$$

式中，C_{vj} 为评价风险指数，v 为评价因子，j 为评价因子的个数，i 为评价指标，Q_{vij} 是对于因子 v 的第 j 个指标，W_{ji} 是指标 i 的权重值($0 \leqslant W_{ji} \leqslant 1$)，$m$ 是评价指标个数。

(四)层次分析法

层次分析法(analytic hierarchy process，AHP)是对一些较为复杂、较为模糊的问题做出决策的简易方法，特别适用于那些难于完全定量分析的问题。它是美国运筹学家、匹兹堡大学萨蒂(T. L. Saaty)教授于 20 世纪 70 年代初提出的一种简便、灵活而又实用的多准则决策方法。层次分析法是一种定性与定量相结合的决策分析方法。决策法通过将复杂问题分解为若干层次和若干因素，在各因素之间进行简单的比较和计算，便可以得出不同方案重要性程度的权重，为最佳方案的选择提供依据。其特点是：①思路简单明了，它将决策者的思维过程条理化、数量化，便于计算；②所需要的定量化数据较少，但对问题的本质，问题所涉及的因素及其内在关系分析比较透彻、清楚。

通过 AHP 构建判断矩阵 A，A 是由所有要素的相对重要性进行两两比较得到的标度值构成的，具体如下：

$$\begin{bmatrix} \dfrac{W_1}{W_1} & \dfrac{W_1}{W_2} & \cdots & \dfrac{W_1}{W_n} \\ \dfrac{W_2}{W_1} & \dfrac{W_2}{W_2} & \cdots & \dfrac{W_2}{W_n} \\ \vdots & \vdots & & \vdots \\ \dfrac{W_n}{W_1} & \dfrac{W_n}{W_2} & \cdots & \dfrac{W_n}{W_n} \end{bmatrix}$$

式中，$\dfrac{W_1}{W_n}$ 为第 1 个要素较第 n 个要素相对重要性比较的标度值；$\dfrac{W_n}{W_1}$ 为第 n 个要素较第 1 个要素相对重要性比较的标度值，两者互为倒数。

判断矩阵中两两要素相对重要性的比较，存在一个相对的尺度问题，根据心理学的研究，人们区分信息等级的极限能力为 7±2。因此，AHP 引人 1～9 个标度(表 1.1)。

表 1.1　AHP 标度

标度 b_{ij}	定义
1	i 因素与 j 因素同等重要
3	i 因素较 j 因素略为重要
5	i 因素较 j 因素重要
7	i 因素较 j 因素非常重要
9	i 因素较 j 因素绝对重要
2,4,6,8	介于上述各等级之间
倒数	如果 i 因素相对于 j 因素权重为 b_{ij}，则 j 因素相对于 i 因素为 $b_{ji}=1/b_{ij}$

构建判断矩阵后，通过和积法求解判断矩阵的最大特征向量值及其所对应的特征向量，最后对各层次排序结果进行一致性检验，判断矩阵排序结果是否具有令人满意的一致性。和积法计算步骤如下：

(1)将判断矩阵每一列归一化

$$\overline{b}_{ij} = b_{ij} \Big/ \sum_{k=1}^{n} b_{kj} \qquad (i = 1,2,\cdots,n) \tag{1.5}$$

(2)对按列归一化的判断矩阵，再按行求和

$$\overline{W}_i = \sum_{j=1}^{n} \overline{b}_{ij} \qquad (i = 1,2,\cdots,n) \tag{1.6}$$

(3)将向量 $\overline{\boldsymbol{W}} = [\overline{W}_1,\overline{W}_2,\cdots,\overline{W}_n]^{\mathrm{T}}$ 归一化

$$W_i = \overline{W}_i \Big/ \sum_{i=1}^{n} \overline{W}_i \qquad (i = 1,2,\cdots,n) \tag{1.7}$$

则 $\boldsymbol{W} = [W_1,W_2,\cdots,W_n]^{\mathrm{T}}$，即为所求的特征向量。

(4)计算最大特征根

$$\lambda_{\max} = \sum_{i=1}^{n} \frac{(AW)_i}{nW_i} \tag{1.8}$$

式中，A 为判断矩阵，$(AW)_i$ 表示向量 $\boldsymbol{AW}$ 的第 i 个分量。

(5)检验判断矩阵是否具有令人满意的一致性，需要将 CI 与随机一致性指标 RI 进行比较。一般而言，1 或 2 阶判断矩阵具有完全一致性。对于 2 阶以上的判断矩阵，其一致性指标 CI 与同阶的平均随机一致性指标 RI(表 1.2)之比，称为判断矩阵的随机一致性比例，记为 CR。一般地，当 $\mathrm{CR}=\frac{\mathrm{CI}}{\mathrm{RI}}<0.1$ 时，就认为判断矩阵具有令人满意的一致性；否则当 $\mathrm{CR}>0.1$ 时，就需要调整判断矩阵，直到满意为止。

$$\mathrm{CI} = \frac{\lambda_{\max} - n}{n - 1} \tag{1.9}$$

式中，CI 为一致性指标，$\lambda_{\max}$为最大特征根，n 为唯一非 0 特征根。

表 1.2 平均随机一致性指标

阶数	1	2	3	4	5	6	7	8	9	10	11	12	13	14	15
RI	0	0	0.58	0.90	1.12	1.24	1.32	1.41	1.45	1.49	1.52	1.54	1.56	1.58	1.59

三、空间尺度

采用网格数据处理中的插值技术对区划因子进行精细化，利用 ArcGIS 软件中的克里金插值方法进行插值，对各个气候因子指标均进行精细化格点处理，将数据插值成规则的格点数据，数据空间分辨率为 1 km×1 km。

四、地形适宜性区划

作物种植过程中，坡度越缓，土壤流失率越低，土壤水土保持效果越好，越有利于提升农作物产量。一般农作物在平原地区或山间平地生长较好，当坡度大于 10°时，土壤水土保持效果较差，农作物长势及产量较缓坡差；当坡度大于 30°时，则完全不适宜种植作物。因此本书在

计算地形适宜性指数时将坡度进行极小值标准化。坡向的改变可引起水热再分配，对于农作物的生长发育有直接影响，一般越靠近南向的坡或无坡，水热条件越好，对农作物的生长也越有利，将坡向赋予分值（表 1.3）。因此，本书在计算地形适宜性指数时将此因子进行极大值标准化。海拔高度作为重要的地形因子，对农作物有着重要的影响。不同海拔高度，其温度和光照时长迥异，进而影响作物的生长、形态、生物量等。一般农作物适宜在海拔较低的平原地区生长，因此，本书在计算地形适宜性指数时将此因子进行极小值标准化。

表 1.3　坡向分级及分值

坡向	北	东北	西北	东	西	东南	西南	正南	无坡
分值（分）	1	2	3	4	5	6	7	8	9

山东省地形适宜性区划结果是坡度、坡向和海拔高度 3 个地形因子标准化并乘以对应权重后的加和，其中采用层次分析法（AHP）赋予不同因子权重，地形适宜性区划因子判断矩阵如下：

$$\begin{bmatrix} & \text{Ⅰ} & \text{Ⅱ} & \text{Ⅲ} \\ \text{Ⅰ} & 1 & 1 & 1 \\ \text{Ⅱ} & 1 & 1 & 1 \\ \text{Ⅲ} & 1 & 1 & 1 \end{bmatrix}$$

注：矩阵中，Ⅰ. 坡度，Ⅱ. 坡向，Ⅲ. 海拔高度。

地形适宜性区划表达式为：

$$Y_{地形} = \lambda_1 X_1 + \lambda_2 X_2 + \lambda_3 X_3 \tag{1.10}$$

式中，$Y_{地形}$表示地形适宜性指数，X_1表示坡度，λ_1表示对应权重 0.333；X_2表示坡向，λ_2表示对应权重 0.333，X_3表示海拔高度，λ_3表示对应权重 0.333。将各地形因子进行空间叠加，采用自然分级法进行分级，得到山东省主要作物地形适宜性区划结果（图 1.8）。

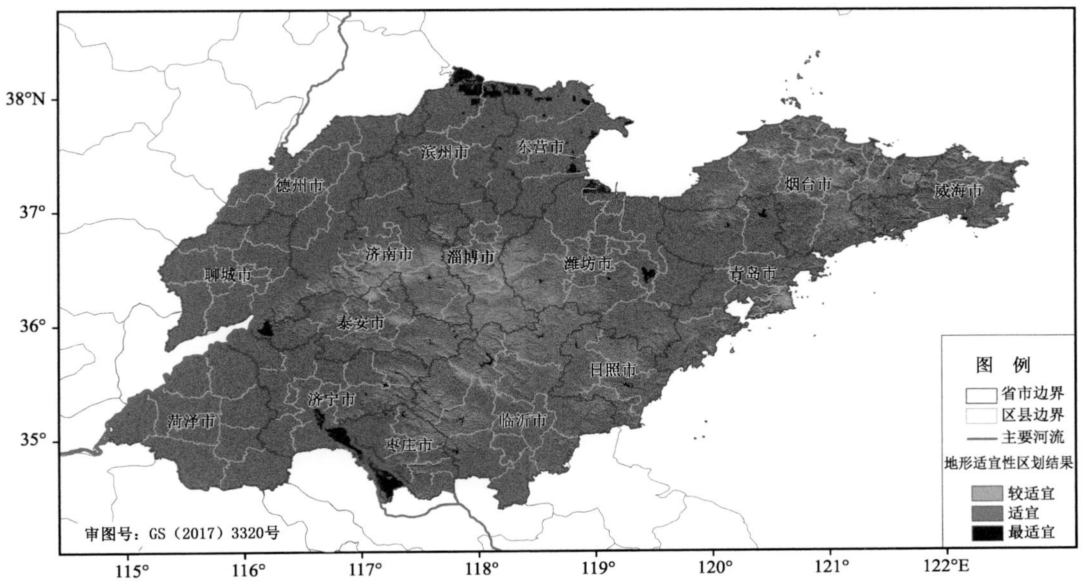

图 1.8　山东省主要作物地形适宜性区划结果空间分布

山东省地形适宜性总体呈现中间低、四周高的趋势。适宜作物种植的区域分布较广，全省68.9％地区均适宜或最适宜作物种植。较适宜区分布在鲁中、半岛及鲁南东部山区，占比为31.1％。

五、土壤适宜性区划

不同土壤类型的土壤肥力迥异，一般土层深厚、肥力较高，富含氮、磷、钾等常量元素和硼、锌、钼、铜等微量元素的土壤有利于农作物的生长发育。土壤的质密性、保水性越好，肥力越好，养分越充足，沉积时间越长对冬小麦发育生长越有利，将土壤类型赋予分值（表1.4）；在计算土壤适宜性指数时将此因子进行极大值标准化。

表1.4　土壤类型分值

土壤类型	综合评分（分）	土壤类型	综合评分（分）
盐碱土	1	石质土	2
风沙土	3	红黏土	4
潮土	10	砂浆黑土	10
水稻土	8	褐土	9
新积土	5	棕壤	9

由于不同质地的土壤养分、透水性和土壤理化性质不同，因而不同土壤质地对农作物有一定的影响。作物适宜生长在结构良好，养分充足，保水力强，通气性良好的土壤。土壤的结构越好，养分越充足，保水力越强对作物生长发育越有利，将土壤质地赋予分值（表1.5），在计算土壤适宜性指数时将此因子进行极大值标准化。

表1.5　土壤质地综合评分

土壤质地	综合评分（分）	土壤质地	综合评分（分）
沙土	2	壤质沙土	3
沙壤土	7	沙质黏壤土	6
壤土	8	粉壤土	5
黏质壤土	4	黏土	1

腐殖质层是指富含腐殖质的土壤表层，含有较多的为植物生长所必需的营养元素。土壤肥力的高低与腐殖质层的厚度和腐殖质的含量密切相关，因此，腐殖质层的状况常作为评价土壤肥力的标准之一。腐殖质厚度越厚，营养物质越多，越有利于作物生长发育。将土壤腐殖质厚度赋予分值（表1.6），在计算土壤适宜性指数时将此因子进行极大值标准化。

表1.6　土壤腐殖质厚度分值

腐殖质厚度（cm）	0	(0,3]	(3,5]	(5,10]	(10,15]	(15,20]	>20
分值（分）	0	1	2	3	4	5	6

山东省土壤适宜性区划结果是土壤类型、土壤质地和腐殖质厚度3因子标准化并乘以对应权重后的加和，其中采用层次分析法（AHP）赋予不同因子权重，土壤适宜性区划因子判断矩阵如下：

$$\begin{bmatrix} & \text{I} & \text{II} & \text{III} \\ \text{I} & 1 & 2 & 2 \\ \text{II} & 1/2 & 1 & 1 \\ \text{III} & 1/2 & 1 & 1 \end{bmatrix}$$

注:矩阵中,Ⅰ. 土壤腐殖质厚度,Ⅱ. 土壤类型,Ⅲ. 土壤质地。

土壤适宜性区划表达式为:

$$Y_{土壤} = \lambda_1 X_1 + \lambda_2 X_2 + \lambda_3 X_3 \tag{1.11}$$

式中,$Y_{土壤}$表示土壤适宜性指数,X_1表示土壤类型,λ_1表示对应权重 0.25;X_2表示土壤质地,λ_2表示对应权重 0.25,X_3表示土壤腐殖质厚度,λ_3表示对应权重 0.50。将各土壤因子进行空间叠加,采用自然分级法进行分级,得到山东省主要作物土壤适宜性区划结果(图 1.9)。

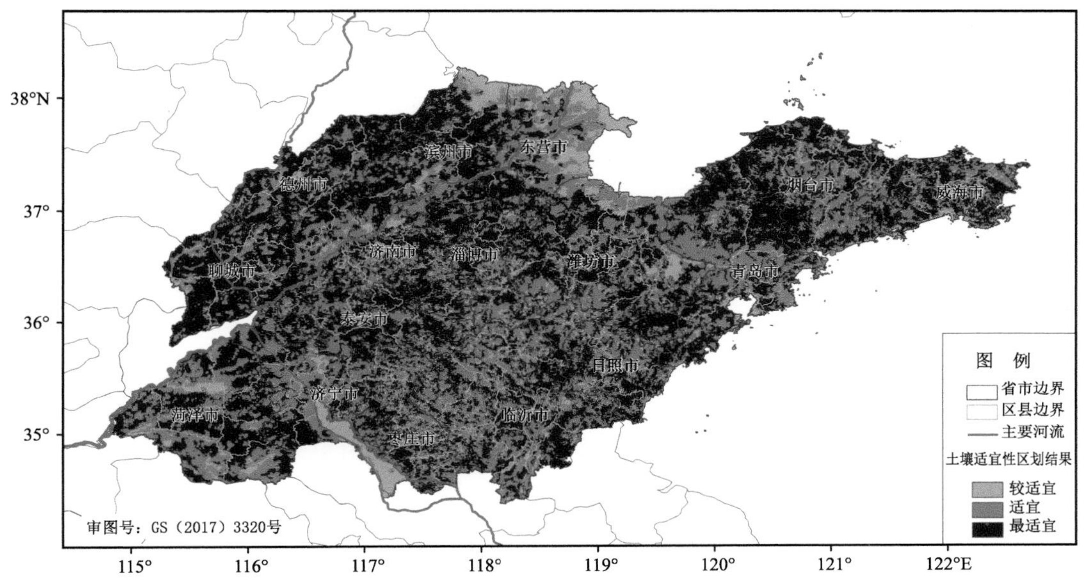

图 1.9　山东省主要作物土壤适宜性区划结果空间分布

山东省大部地区土壤适宜性为最适宜区和适宜区,面积占比约为 90.4%,较适宜区面积占比约为 9.6%。

第二章　冬小麦精细化农业气候资源区划

第一节　区划因子选择与权重

一、区划因子选择

冬小麦是山东省的主要粮食作物之一，其产量位居全国第二，在全国粮食生产中具有举足轻重的地位。山东省冬小麦一般于10月上旬播种，次年5月下旬至6月中旬收获，整个发育阶段主要包括播种期、出苗期、三叶期、分蘖期、越冬开始期、返青期、起身期、拔节期、孕穗期、抽穗期、开花期、乳熟期和成熟期。

充分考虑山东省的冬小麦生产和农业气象条件，提出山东省冬小麦精细化农业气候资源区划指标。选取全生育期≥0 ℃活动积温、冬前积温、冬季负积温、日平均气温稳定通过2 ℃初日、4月日最低气温≤0 ℃日数、灌浆期干热风指数、全生育期总降水量7个要素作为冬小麦气候区划因子。选取海拔高度、坡度和坡向3个要素作为冬小麦地形区划因子。选取土壤质地、土壤类型和土壤腐殖质厚度3个要素作为冬小麦土壤区划因子。

二、因子权重

以气候区划因子为例，采用层次分析法(AHP)赋予不同因子权重，计算过程如下。

第一步：构建判断矩阵。根据各气候要素对冬小麦生长发育及产量形成的影响，分别赋值1～6，构成判别矩阵：

	Ⅰ	Ⅱ	Ⅲ	Ⅳ	Ⅴ	Ⅵ	Ⅶ
Ⅰ	1	2	3	4	5	5	6
Ⅱ	1/2	1	2	3	4	4	5
Ⅲ	1/3	1/2	1	2	3	3	4
Ⅳ	1/4	1/3	1/2	1	2	2	3
Ⅴ	1/5	1/4	1/3	1/2	1	1	2
Ⅵ	1/5	1/4	1/3	1/2	1	1	2
Ⅶ	1/6	1/5	1/4	1/3	1/2	1/2	1

注：矩阵中，Ⅰ.4月日最低气温≤0 ℃日数，Ⅱ.灌浆期干热风指数，Ⅲ.日平均气温稳定通过2 ℃初日，Ⅳ.全生育期≥0 ℃活动积温，Ⅴ.冬季负积温，Ⅵ.冬前积温，Ⅶ.全生育期总降水量。

第二步：根据和积法，将判断矩阵归一化。过程为将每一列中的每一个数除以这一列的总和，得到标准化矩阵：

	Ⅰ	Ⅱ	Ⅲ	Ⅳ	Ⅴ	Ⅵ	Ⅶ
Ⅰ	0.377	0.441	0.404	0.353	0.303	0.303	0.261
Ⅱ	0.189	0.221	0.270	0.265	0.242	0.242	0.217
Ⅲ	0.126	0.110	0.135	0.176	0.182	0.182	0.174
Ⅳ	0.094	0.074	0.067	0.088	0.121	0.121	0.130
Ⅴ	0.075	0.055	0.045	0.044	0.061	0.061	0.087
Ⅵ	0.075	0.055	0.045	0.044	0.061	0.061	0.087
Ⅶ	0.063	0.044	0.034	0.029	0.030	0.030	0.043

第三步:计算各因子权重。将标准化矩阵每一行数据加和,数值为 7,将求和列中每个数除以 7,即得到各因子的权重。如 4 月日最低气温≤0 ℃日数,其权重为 0.349,其他各因子权重如矩阵:

	Ⅰ	Ⅱ	Ⅲ	Ⅳ	Ⅴ	Ⅵ	Ⅶ	求和	权重
Ⅰ	0.377	0.441	0.404	0.353	0.303	0.303	0.261	2.443	0.349
Ⅱ	0.189	0.221	0.270	0.265	0.242	0.242	0.217	1.646	0.235
Ⅲ	0.126	0.110	0.135	0.176	0.182	0.182	0.174	1.085	0.155
Ⅳ	0.094	0.074	0.067	0.088	0.121	0.121	0.130	0.696	0.100
Ⅴ	0.075	0.055	0.045	0.044	0.061	0.061	0.087	0.428	0.061
Ⅵ	0.075	0.055	0.045	0.044	0.061	0.061	0.087	0.428	0.061
Ⅶ	0.063	0.044	0.034	0.029	0.030	0.030	0.043	0.274	0.039

第四步:进行矩阵一致性检验。

将判断矩阵每一行与对应因子的权重相乘后求和,求出各气候因子的 AW 值。基于公式(1.8),计算最大特征根 $\lambda_{max}=7.129$;基于公式(1.9),计算一致性指标 CI=0.021。查找平均随机一致性指标表 1.2 对应的 RI=1.320,基于公式 CR=CI/RI,CR=0.016<0.10,通过检验。因此,确定为 4 月日最低气温≤0 ℃日数、灌浆期干热风指数、日平均气温稳定通过 2 ℃初日、全生育期≥0 ℃活动积温、冬季负积温、冬前积温、全生育期总降水量 7 个因子的权重分别为 0.349、0.235、0.155、0.100、0.061、0.061、0.039。

	Ⅰ	Ⅱ	Ⅲ	Ⅳ	Ⅴ	Ⅵ	Ⅶ	权重	AW
Ⅰ	1	2	3	4	5	5	6	0.349	2.528
Ⅱ	1/2	1	2	3	4	4	5	0.235	1.703
Ⅲ	1/3	1/2	1	2	3	3	4	0.155	1.111
Ⅳ	1/4	1/3	1/2	1	2	2	3	0.100	0.705
Ⅴ	1/5	1/4	1/3	1/2	1	1	2	0.061	0.431
Ⅵ	1/5	1/4	1/3	1/2	1	1	2	0.061	0.431
Ⅶ	1/6	1/5	1/4	1/3	1/2	1/2	1	0.039	0.277

最后,冬小麦精细化农业气候资源区划因子的权重如下。

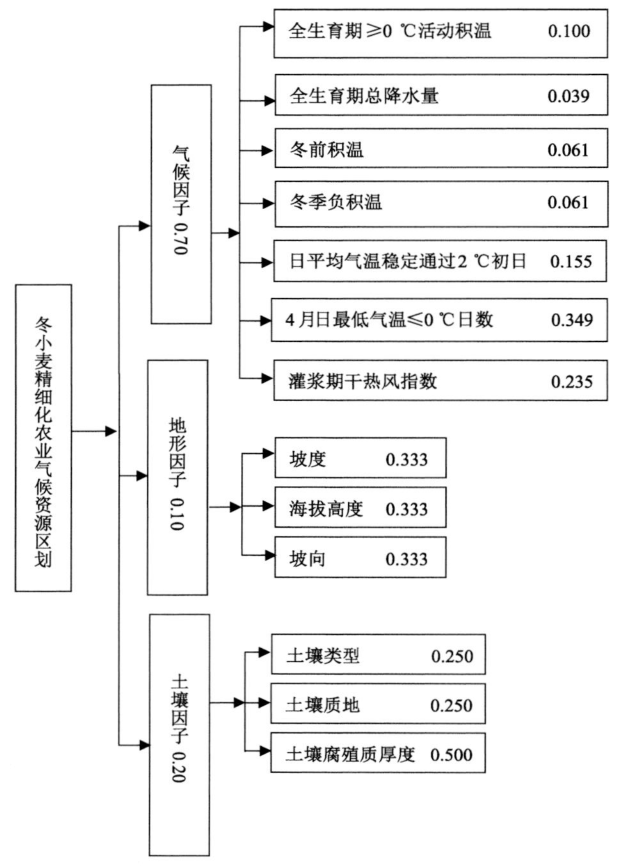

图 2.1 山东省冬小麦精细化农业气候资源区划因子及权重

第二节 气候因子

一、冬小麦气候适宜性区划因子空间分布

(一)全生育期≥0 ℃活动积温空间分布

全生育期≥0 ℃活动积温是冬小麦生长发育和产量形成的关键热量因子,本书在计算气候适宜性指数时将此因子进行极大值标准化,山东省冬小麦全生育期≥0 ℃活动积温空间分布如图 2.2 所示。

可以看出,山东省冬小麦全生育期≥0 ℃活动积温空间分布不均匀,呈现明显空间区域性差异。山东省冬小麦全生育期≥0 ℃活动积温全省平均值为 2155.7 ℃ · d;高值区主要分布在枣庄、济宁、菏泽、日照、济南、德州、东营等市,最高值为 2418.0 ℃ · d。低值区主要分布在烟台、威海、临沂、淄博、济南、聊城等市,最低值为 1916.8 ℃ · d。

将山东省冬小麦全生育期≥0 ℃活动积温采用自然分级法分为 5 级,分别为:1916.8～

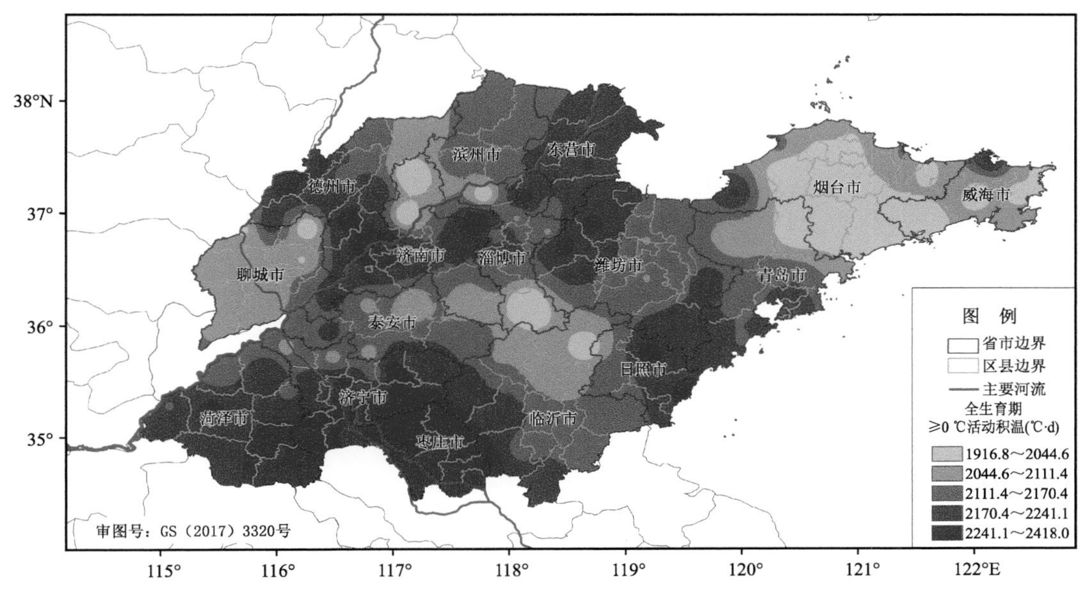

图 2.2 山东省冬小麦全生育期≥0 ℃活动积温空间分布

2044.6 ℃·d、2044.6～2111.4 ℃·d、2111.4～2170.4 ℃·d、2170.4～2241.1 ℃·d、2241.1～2418.0 ℃·d①。冬小麦全生育期≥0 ℃活动积温最低值区(1916.8～2044.6 ℃·d)分布在烟台市的大部分区域，威海市的文登、荣成、乳山等地，青岛市的莱西，济南市的济阳、商河等地，淄博市的高青、沂源等地，聊城市的高唐及临沂市的沂水等地，面积约占全省总面积的10.0%。冬小麦全生育期≥0 ℃活动积温在2044.6～2111.4 ℃·d范围内的区域主要分布在聊城市的大部分区域，烟台市的北部沿海，青岛市的平度、即墨等地，威海市的文登、荣成、环翠区等地，德州市的乐陵、庆云等地，济南市的商河、济阳、莱芜区、钢城区等地，泰安市的泰山区，临沂市的沂水、蒙阴和沂南等地，面积约占全省总面积的18.5%。冬小麦全生育期≥0 ℃活动积温在2111.4～2170.4 ℃·d范围内的区域主要分布在滨州、潍坊、泰安、临沂四市的大部分区域，聊城市的东阿，德州市的宁津、陵城、夏津等地，青岛市的即墨、胶州、平度等地，淄博市的临淄、桓台、博山等地，济宁市的梁山、汶上等地，菏泽市的鄄城、郓城等地，面积约占全省总面积的30.7%。冬小麦全生育期≥0 ℃活动积温在2170.4～2241.1 ℃·d范围内的区域主要分布在菏泽、东营、日照三市大部分区域，青岛市的崂山、市南区、城阳和黄岛等地，潍坊市的高密、诸城、寿光、青州等地，烟台市的莱州，滨州市的博兴和邹平等地，淄博市的淄川和周村等地，济南市的章丘、长清和平阴等地，德州市的临邑、平原和夏津等地，临沂市的郯城、兰陵、费县、平邑等地，济宁市的泗水等地，面积约占全省总面积的28.7%。冬小麦全生育期≥0 ℃活动积温最高值区(2241.1～2418.0 ℃·d)主要分布在枣庄市全境，济宁市的大部分区域，日照市的东港区和五莲县，潍坊市的寿光和青州等地，东营市的东营区，滨州市的博兴、邹平等

① 本书在进行统计时，将相邻区间重复界限值归为上一级统计区间计算，例如：5级冬小麦全生育期≥0 ℃活动积温分别为：1916.8～2044.6 ℃·d、2044.6～2111.4 ℃·d、2111.4～2170.4 ℃·d、2170.4～2241.1 ℃·d、2241.1～2418.0 ℃·d。其分级实际区间值为(1916.8,2044.6]、(2044.6,2111.4]、(2111.4,2170.4]、(2170.4,2241.1]、(2241.1,2418.0]；下同，即本书中所有区间值均采取此方法统计计算。

地，德州市的德城区、武城、禹城和齐河等地，济南市的市中区、天桥区和槐荫区等地，菏泽市的牡丹区、成武和单县等地，临沂市的兰陵、费县、平邑等地，面积约占全省总面积的 12.1%。

（二）全生育期总降水量空间分布

全生育期总降水量对作物生长的影响反映在一系列生理和形态变化上，全生育期降水量越大，越有利于冬小麦的生长。因此，本书在计算气候适宜性指数时将此因子进行极大值标准化，山东省冬小麦全生育期总降水量空间分布如图 2.3 所示。

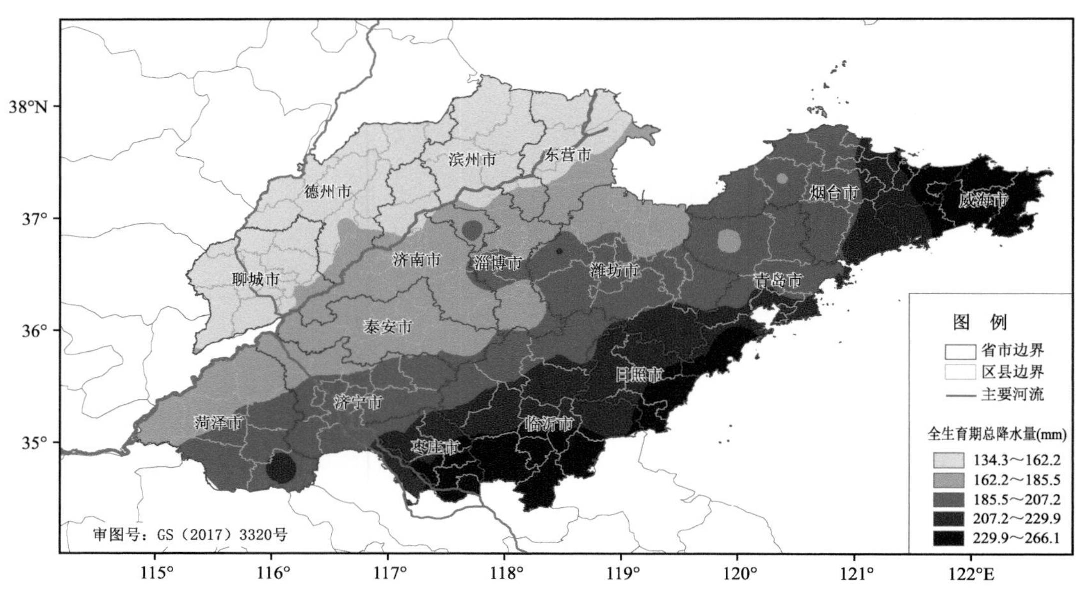

图 2.3　山东省冬小麦全生育期总降水量空间分布

可以看出，山东省冬小麦全生育期总降水量整体上自东南向西北逐渐减少。山东省冬小麦全生育期总降水量全省平均值约为 188.3 mm；高值区主要分布在半岛地区的威海市的大部分区域和青岛、烟台两市的局部；鲁南地区的日照、临沂、枣庄等市，最高值为 266.1 mm。低值区主要分布在鲁西北地区，最低值为 134.3 mm。

将山东省冬小麦全生育期总降水量采用自然分级法分为 5 级，分别为：134.3～162.2 mm、162.2～185.5 mm、185.5～207.2 mm、207.2～229.9 mm、229.9～266.1 mm。冬小麦全生育期总降水量最低值区（134.3～162.2 mm）几乎包含鲁西北全境，面积约占全省总面积的 20.8%。冬小麦全生育期总降水量在 162.2～185.5 mm 范围内的区域主要分布在济南、泰安、淄博三市的大部分区域，菏泽市的牡丹区、东明、郓城、鄄城等地，济宁市的梁山、嘉祥和汶上等地，潍坊市的昌邑和寿光等地，滨州市的邹平、博兴等地，德州市的齐河，东营市的东营区和广饶等地，聊城市的东阿，青岛市的平度，面积约占全省总面积的 24.1%。冬小麦全生育期总降水量在 185.5～207.2 mm 范围内的区域主要分布在青岛、烟台、菏泽、济宁、潍坊 5 市的大部分区域，临沂市的平邑、蒙阴、沂水等地，淄博市的淄川、博山等地，滨州市的邹平，面积约占全省总面积的 29.8%。冬小麦全生育期总降水量在 207.2～229.9 mm 范围内的区域主要分布在日照、临沂两市的大部分区域，菏泽市的单县，枣庄市的山亭区和滕州等地，潍坊市的诸城，青岛市的城阳、崂山、胶州等地，威海市的乳山，烟台市的海阳、福山和牟平等地，面积约占全省总面积的

14.6%。冬小麦全生育期总降水量最高值区(229.9～266.1 mm)分布在威海市的大部分区域，枣庄市的市中区、台儿庄和峄城等地，临沂市的河东区、郯城、兰陵、临沭等地，日照市的岚山区、东港区等地，青岛市的黄岛区，烟台市的莱山区和牟平等地，面积约占全省总面积的10.7%。

(三)冬前积温空间分布

冬前积温直接影响冬小麦的冬前壮苗叶龄指标和安全越冬，是冬小麦冬前热量条件的重要指标。本书在计算气候适宜性指数时将此因子进行极大值标准化，山东省冬小麦冬前积温空间分布如图 2.4 所示。

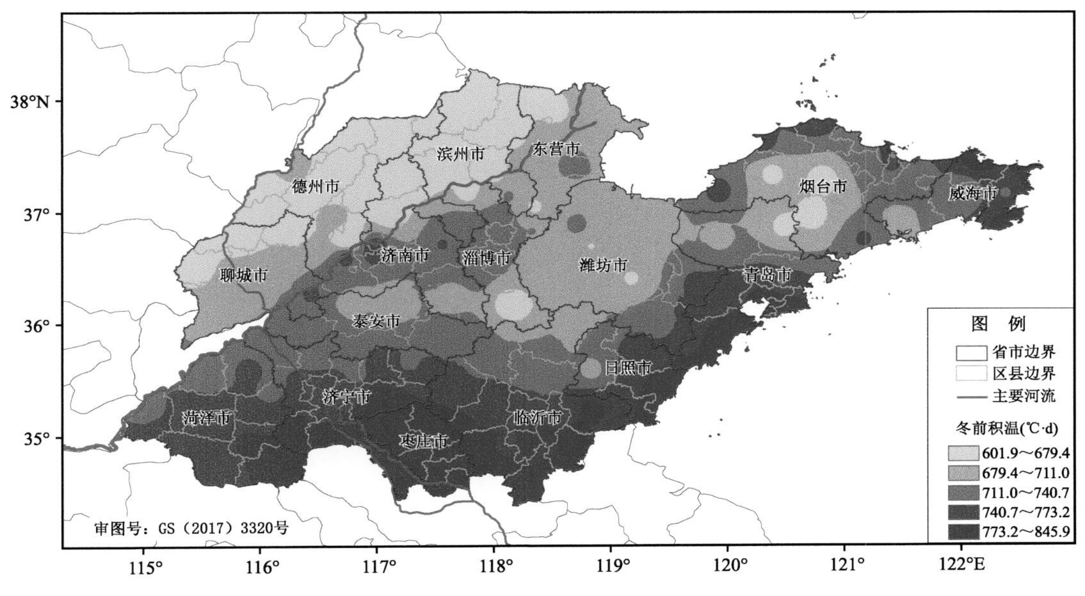

图 2.4 山东省冬小麦冬前积温空间分布

可以看出，山东省冬小麦冬前积温空间分布整体表现为从东南向西北递减的空间分布特征。冬前积温全省平均值约为 724.9 ℃·d；高值区主要分布在枣庄、济宁、日照、青岛、威海等市，最高值为 845.9 ℃·d。低值区主要分布鲁西北、鲁中山区和半岛内陆，最低值为 601.9 ℃·d。

将山东省冬小麦冬前积温采用自然分级法分为 5 级，分别为：601.9～679.4 ℃·d、679.4～711 ℃·d、711.0～740.7 ℃·d、740.7～773.2 ℃·d、773.2～845.9 ℃·d。冬小麦冬前积温最低值区(601.9～679.4 ℃·d)主要分布在德州、滨州两市的大部分区域，聊城市的冠县、高唐、临清等地，济南市的济阳、商河等地，淄博市的沂源，潍坊市的安丘，烟台市的栖霞、莱阳、招远等地，青岛市的莱西等地，面积约占全省总面积的 16.0%。冬小麦冬前积温在 679.4～711.0 ℃·d 范围内的区域主要分布在潍坊、东营、聊城三市的大部分区域，德州市的德城区、禹城等地，滨州市的博兴、邹平等地，淄博市的沂源，泰安市的泰山区、肥城等地，临沂市的沂水，济南市的莱芜区、钢城区等地，青岛市的平度、莱西等地，烟台市的莱阳、海阳、招远、栖霞等地，威海市的乳山等地，面积约占全省总面积的 26.3%。冬小麦冬前积温在 711.0～740.7 ℃·d 范围内的区域主要分布在菏泽市的东明、鄄城、郓城等地，济宁市的梁山、嘉祥、汶上等地，泰安市的东平、宁阳、新泰等地，临沂市的蒙阴、沂南、沂水等地，日照市的莒县，潍坊市的诸城、高密等地，青岛市的即墨、平度等地，威海市的文登、乳山等地，烟台市的福山、莱州、海阳、牟平、蓬莱、龙口等地，淄博市的临淄、张店等地，济南市的章丘、历城、长清、平阴等地，滨州市的邹平，面积约占全省总面积的 26.7%。冬小麦冬前积温在 740.7～773.2 ℃·d范围内的区域主要分布在威海市的环翠区和荣成等地，烟台市的蓬莱、莱州等地，青岛市的即墨和胶州等地，潍坊市的高密和诸城局部地区，日照市的岚山区和五莲等地，临沂市的兰山区、费县、平邑等地，济宁市的任城区、曲阜、泗水等地，菏泽市的牡丹区、曹县、郓城等地，面积约占全省总面积的 17.6%。山东省冬前积温最高值区(773.2～845.9 ℃·d)主要分布在菏泽市的单县和成武等地，济宁市的鱼台、微山、金乡、邹城等地，枣庄市全境，临沂市的郯城、兰陵、莒南等地，日照市的东港区、岚山区等地，青岛市的黄岛区、城阳区、崂山区等地，威海市的环翠区和荣成市局部地区，面积约占全省总面积的 13.4%。

(四)冬季负积温空间分布

冬季负积温是重要的农业气候生态指标，负积温的高低直接制约农作物能否安全越冬。由于负积温为负值，因此，负积温数值越大，冷能量积累越少，代表冬季越温暖，越有利于冬小麦安全越冬，因此，本书在计算气候适宜性指数时将此因子进行极大值标准化，山东省冬季负积温空间分布如图 2.5 所示。

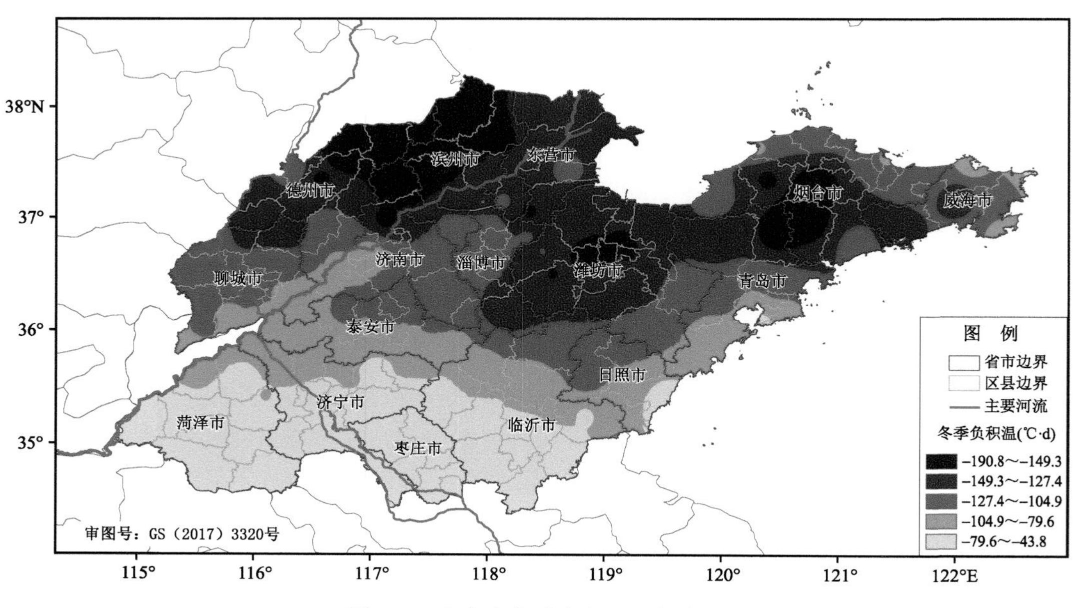

图 2.5 山东省冬季负积温空间分布

可以看出，山东省冬季负积温空间差异性显著，整体自南向北逐渐降低。冬季负积温全省平均值约为－110.0 ℃·d；高值区主要分布在菏泽、枣庄、济宁、临沂、日照等市，最高值为－43.8 ℃·d。低值区主要分布在德州、滨州、潍坊、烟台等市，最低值为－190.8 ℃·d。

将山东省冬季负积温采用自然分级法分为 5 级，分别为：－190.8～－149.3 ℃·d、－149.3～－127.4 ℃·d、－127.4～－104.9 ℃·d、－104.9～－79.6 ℃·d、－79.6～－43.8 ℃·d。山东省冬季负积温最低值区(－190.8～－149.3 ℃·d)主要分布在德州市的宁津、乐陵、庆云等地，滨州市的无棣、惠民、沾化、阳信等地，济南市的济阳、商河等地，潍坊市的潍城区、奎文、坊子、寒亭、昌乐等地，烟台市的栖霞、莱阳、招远等地，青岛市的莱西等地，面积约占全省总面积的10.2％。山东省冬季负积温在－149.3～－127.4 ℃·d范围内的区域主要分布在潍坊、东营两市的大部分区域，聊城市的高唐、临清等地，德州市的夏津、武城、平原、临邑、陵城等地，滨州市的滨城区、博兴、邹平等地，淄博市的高青、沂源、临淄、桓台等地，济南市的济阳，青岛市的平度、莱西等地，威海市的文登、乳山等地，烟台市的莱阳、海阳、招远、栖霞等地，面积约占全省总面积的26.2％。山东省冬季负积温在－127.4～－104.9 ℃·d范围内的区域主要分布在聊城市的大部分区域，德州市的德城区、禹城、齐河等地，滨州市的邹平，东营市的东营区，淄博市的周村、张店、临淄、桓台、淄川、博山等地，泰安市的泰山区、岱岳区、肥城、新泰等地，济南市的莱芜、章丘、历城、钢城等地，临沂市的沂水，日照市的莒县、五莲局部地区，潍坊市的高密、诸城等地，青岛市的即墨、胶州、平度等地，威海市的环翠区、文登、荣成等局部地区，烟台市的莱山区、海阳、蓬莱、莱州、龙口等地，面积约占全省总面积的25.8％。山东省冬季负积温在－104.9～－79.6 ℃·d范围内的区域主要分布在聊城市的阳谷、东阿、莘县等地，济南市的市中、槐荫、长清、平阴等地，菏泽市的鄄城、郓城等地局部地区，济宁市的梁山、汶上、兖州、泗水等地，泰安市的肥城、新泰等地，临沂市的蒙阴、沂南、莒南等地，日照市的岚山区、东港区、五莲等地，青岛市的黄岛、崂山、城阳等地以及威海市的环翠区、荣成等局部地区，面积约占全省总面积的17.1％。山东省冬季负积温最高值区(－79.6～－43.8 ℃·d)主要分布在枣庄市全境，菏泽、济宁两市的大部分区域，临沂市的兰山区、兰陵、郯城、费县、平邑、临沭等地，日照市的东港区、岚山区等局部地区，面积约占全省总面积的20.7％。

(五)日平均气温稳定通过2 ℃初日空间分布

日平均气温稳定通过2 ℃初日主要影响冬小麦返青的早晚。日平均气温稳定通过2 ℃日期越早，返青期越早，越有利于冬小麦早发棵，早分蘖。因此，本书在计算气候适宜性指数时将此因子进行极小值标准化，山东省日平均气温稳定通过2 ℃初日空间分布如图2.6所示。

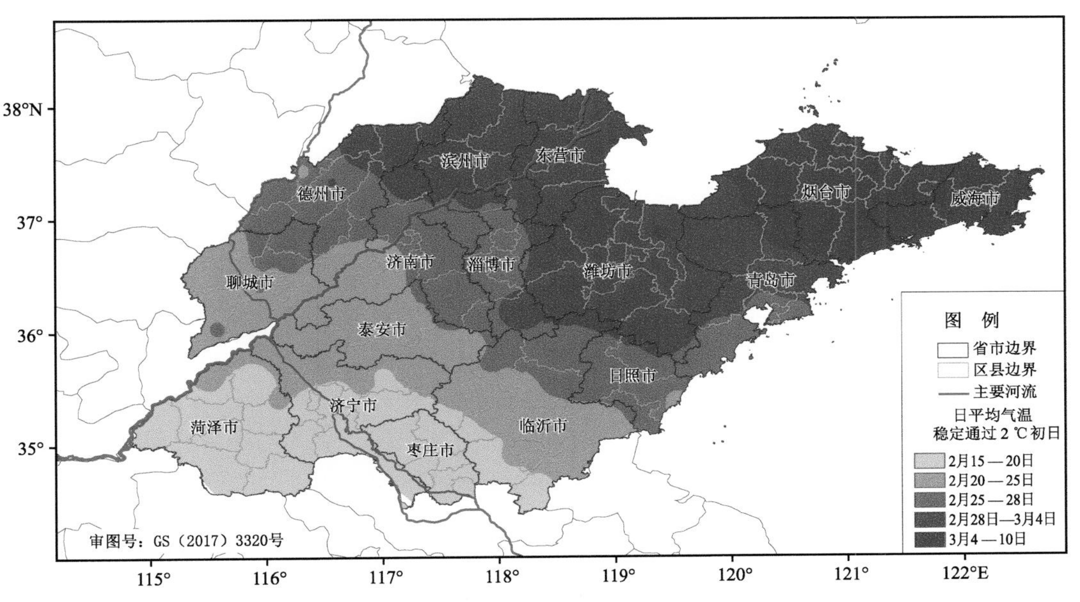

图2.6　山东省日平均气温稳定通过2 ℃初日空间分布

可以看出，山东省日平均气温稳定通过 2 ℃初日整体自西南向东北逐渐推迟。山东省日平均气温稳定通过 2 ℃初日最早出现在 2 月 15 日，最晚在 3 月 10 日。

将山东省日平均气温稳定通过 2 ℃初日采用自然分级法分为 5 级，分别为：2 月 15—20 日、2 月 20—25 日、2 月 25—28 日、2 月 28 日—3 月 4 日、3 月 4—10 日。山东省日平均气温稳定通过 2 ℃初日出现最早（2 月 15—20 日）的区域主要分布在枣庄市全境，菏泽市的大部分区域，济宁市的中南部区域，临沂市的郯城、兰陵、费县、平邑等地，面积约占全省总面积的 16.1%。山东省日平均气温稳定通过 2 ℃初日出现在 2 月 20—25 日范围内的区域主要分布在临沂、泰安、聊城三市的大部分区域，济南市的槐荫、平阴、长清、历城等地，济宁市的梁山、汶上、泗水、嘉祥、曲阜、兖州等地，菏泽市的鄄城、郓城、巨野三县的局部地区，面积约占全省总面积的 21.2%。山东省日平均气温稳定通过 2 ℃初日出现在 2 月 25—28 日范围内的区域主要分布在日照、淄博、德州三市的大部分区域，聊城市的高唐、茌平和临清局部地区，济南市的济阳、章丘、历城、莱芜、钢城等地，滨州市的邹平，临沂市的沂水、沂南、蒙阴等地，青岛市的黄岛区、崂山区等地，面积约占全省总面积的 20.9%。山东省日平均气温稳定通过 2 ℃初日出现在 2 月 28 日—3 月 4 日范围内的区域主要分布在潍坊、东营两市全境，青岛、滨州两市的大部分区域，德州市的宁津、乐陵、庆云等地，淄博市的高青、临淄、沂源等地，济南市的商河，烟台市的莱州西部地区，面积约占全省总面积的 29.3%。山东省日平均气温稳定通过 2 ℃初日出现最晚（3 月 4—10 日）的区域主要分布在威海、烟台两市及青岛的莱西，面积约占全省总面积的 12.5%。

（六）4 月日最低气温≤0 ℃日数空间分布

4 月，山东省冬小麦处在拔节至抽穗期，期间日最低气温≤0 ℃日数是春季冬小麦受低温冷害影响的关键指标。冬小麦低温冻害表现为延迟抽穗或抽出空颖白穗，或麦穗中部分小穗空瘪，仅有部分结实，严重影响产量。拔节至抽穗期日最低气温≤0 ℃日数越少，越有利于冬小麦生长。因此，本书在计算气候适宜性指数时将此因子进行极小值标准化，山东省 4 月日最低气温≤0 ℃日数空间分布如图 2.7 所示。

可以看出，山东省 4 月日最低气温≤0 ℃日数空间分布不均匀，主要表现在鲁西北、鲁中及半岛地区较多，其他区域差异性较小。4 月日最低气温≤0 ℃日数全省平均值为 0.4 d；高值区主要分布在德州、潍坊、烟台等市，最高值为 1.5 d；低值区主要分布在鲁南地区和东营市，其他地区有零星分布，最低值为 0 d。

将山东省 4 月日最低气温≤0 ℃日数采用自然分级法分为 5 级，分别为：0～0.3 d、0.3～0.4 d、0.4～0.6 d、0.6～0.9 d、0.9～1.5 d。山东省 4 月日最低气温≤0 ℃日数最低值区（0～0.3 d）主要分布在枣庄市全境，菏泽、济宁、临沂、东营四市的大部分区域，泰安市的新泰和东平局部地区，日照市的岚山区、东港区等地，潍坊市的诸城局部地区，济南市的长清、平阴、天桥、槐荫等地，德州市的德城区，聊城市的冠县局部地区，威海市的环翠区、荣成等局部地区，烟台市的蓬莱、莱州等局部地区，面积约占全省总面积的 28.3%。山东省 4 月日最低气温≤0 ℃日数在 0.3～0.4 d 范围内的区域主要分布在聊城、德州、滨州三市的大部分区域，东营市的东营区、利津等局部地区，淄博市的高青、淄川等地，济南市的历城、长清、平阴、莱芜、钢城等地，济宁市的嘉祥、梁山、汶上、兖州等地，菏泽市的鄄城、郓城等地，临沂市的郯城、兰陵、沂水、沂南等地，日照市的东港、五莲等地，青岛市的黄岛、胶州、崂山等地，潍坊市的诸城、高密等地，威海市的环翠、荣成等局部地区，烟台市的福山、海阳、莱州、蓬莱、龙口、开发区等局部地区，面积

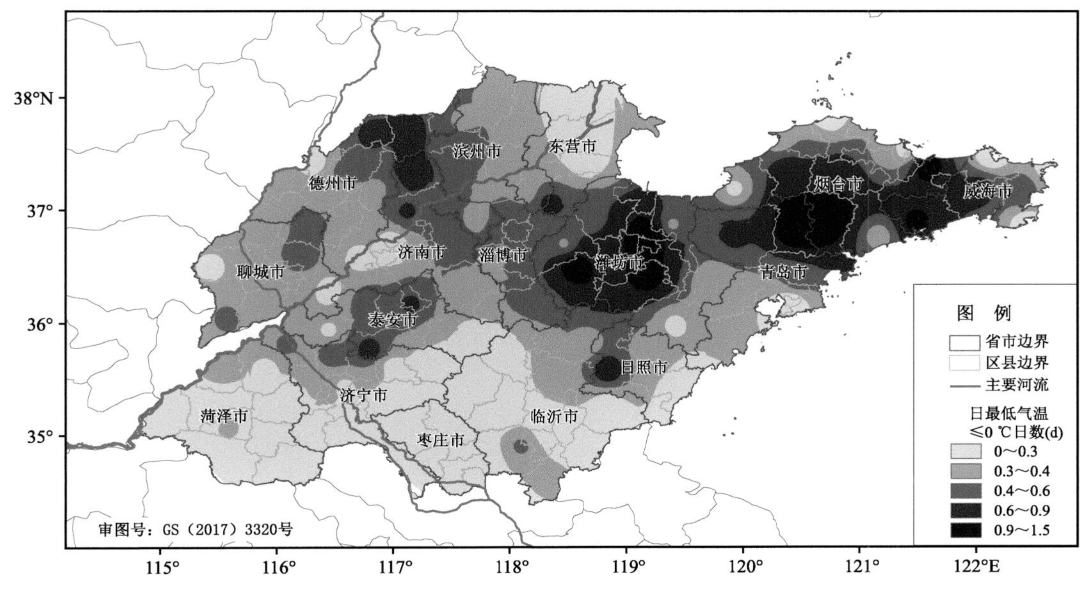

图 2.7　山东省 4 月日最低气温≤0 ℃日数空间分布

约占全省总面积的 32.9%。山东省 4 月日最低气温≤0 ℃日数在 0.4～0.6 d 范围内的区域主要分布在德州市的陵城、庆云、临邑等地，聊城市的高唐、茌平、莘县等局部地区，滨州市的阳信、惠民等地，济南市的济阳、章丘等地，东营市的广饶，淄博市的桓台、临淄、张店、博山、沂源等地，泰安市的岱岳、肥城、宁阳等地，济宁市的汶上、兖州、梁山等地，潍坊市的昌邑、寿光、青州、诸城等局部地区，日照市的莒县，青岛市的即墨、平度地，威海市的环翠、文登、荣成等局部地区，烟台市的海阳、莱州、蓬莱、龙口、福山、栖霞等局部地区，面积约占全省总面积的 22.4%。山东省 4 月日最低气温≤0 ℃日数在 0.6～0.9 d 范围内的区域主要分布在德州市的宁津、乐陵等地，济南市的商河及济阳等局部地区，泰安市的泰山区、宁阳等局部地区，东营市的广饶，日照市的莒县，潍坊市的滨海经济开发区、临朐、安丘、寿光、青州、昌乐等地，青岛市的平度、即墨等局部地区，威海市的文登、乳山等地，烟台市的栖霞、招远、海阳等地，面积约占全省总面积的 12.6%。山东省 4 月日最低气温≤0 ℃日数最高值区(0.9～1.5 d)主要分布在潍坊市的潍城区、坊子区、奎文区、寒亭、安丘、临朐等地，烟台市的莱山区、莱阳等地，青岛市的莱西，威海市的乳山，面积约占全省总面积的 3.8%。

(七)灌浆期干热风指数空间分布

干热风是影响山东冬小麦生长及产量形成的重要农业气候灾害，是高温胁迫对冬小麦危害的主要表现形式，其影响后果主要为灌浆期缩短、粒重降低，产量严重下降。干热风指数越小，越有利于冬小麦的生长。因此，本书在计算气候适宜性指数时将此因子进行极小值标准化，山东省冬小麦灌浆期干热风指数空间分布如图 2.8 所示。

可以看出，山东省冬小麦灌浆期干热风指数空间差异性较强，整体上呈现出中部高、四周低的空间分布特征。冬小麦灌浆期干热风指数全省平均值为 0.7；高值区主要分布在淄博、潍坊、东营、济南四市，最高值为 2.1；低值区主要分布在半岛及菏泽、聊城、济宁、日照等市，最低值为 0。

将山东省冬小麦灌浆期干热风指数采用自然分级法分为 5 级，分别为：0～0.4、0.4～0.7、

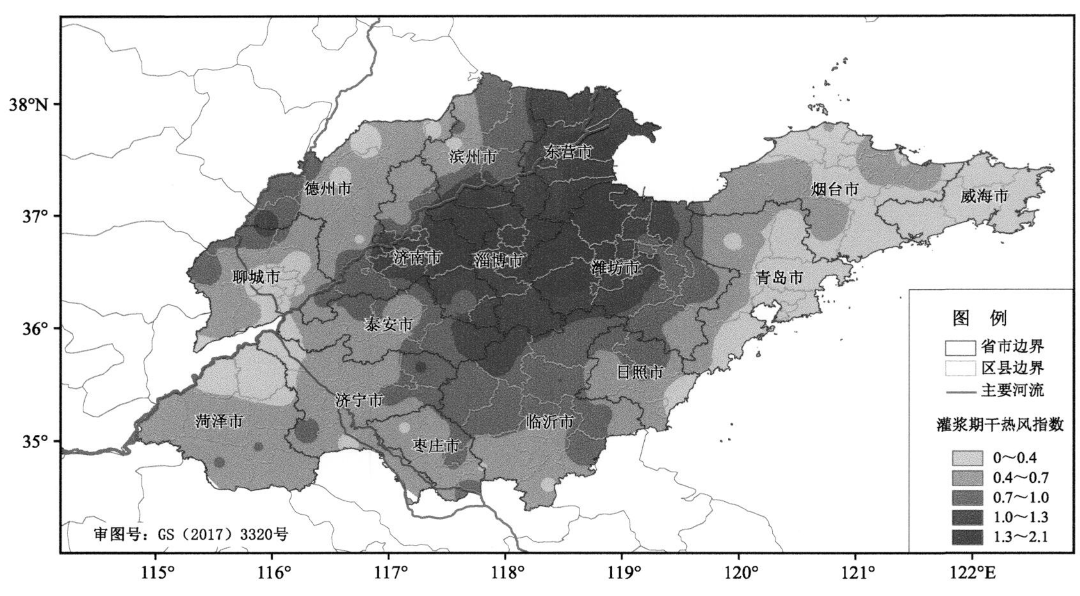

图 2.8　山东省冬小麦灌浆期干热风指数空间分布

0.7～1.0、1.0～1.3、1.3～2.1。山东省冬小麦灌浆期干热风指数最低值区(0～0.4)主要分布在威海市全境，菏泽市的鄄城、郓城、巨野等地，济宁市的梁山，聊城市的茌平、阳谷、东阿、东昌府区及莘县的南部，德州市的宁津、庆云、陵城等地，滨州市的阳信局部地区，烟台市的蓬莱、龙口、海阳、栖霞、牟平等地，青岛市的莱西、即墨、黄岛、崂山等地，日照市的东港区，面积约占全省总面积的 18.2%。冬小麦灌浆期干热风指数在 0.4～0.7 范围内的区域主要分布在济宁、德州、聊城、菏泽、枣庄、日照、泰安等市的大部分区域，临沂市的郯城、兰陵、临沭、罗庄区、河东区、兰山区等地，滨州市的无棣、阳信、惠民等地，潍坊市的诸城，青岛市的黄岛、平度、胶州等地，烟台市的福山、莱州、招远、莱阳、牟平等地，面积约占全省总面积的 37.8%。冬小麦灌浆期干热风指数在 0.7～1.0 范围内的区域主要分布在临沂、东营两市的大部分区域，聊城市的冠县、临清等地，德州市的武城、夏津、德城区等地，滨州市的惠民、无棣、沾化、滨城区等地，济南市的平阴、济阳、长清、槐荫、莱芜等局部地区，济宁市的泗水、邹城及金乡局部地区，泰安市的新泰、肥城、岱岳区及宁阳的局部地区，日照市的五莲、莒县等地，潍坊市的坊子区、诸城、高密等地，面积约占全省总面积的 21.8%。冬小麦灌浆期干热风指数在 1.0～1.3 范围内的区域主要分布在临沂市的蒙阴，泰安市的新泰，济南市的莱芜、钢城、天桥等地，德州市的夏津，淄博市的沂源、博山、高青、桓台等地，潍坊市的安丘、昌邑、临朐、寒亭等地，面积约占全省总面积的 13.1%。冬小麦灌浆期干热风指数最高值区(1.3～2.1)主要分布在潍坊市的寿光、青州、临朐、昌乐等地，淄博市的临淄、周村、张店、淄川、高青等地，济南市的市中区、章丘等地，滨州市的邹平，东营市的东营区、垦利、广饶等地，面积约占全省总面积的 9.1%。

二、冬小麦气候适宜性区划

将影响冬小麦生长发育的关键气候因子进行累加，其表达式为：

$$Y_{气候} = \sum_{i=1}^{7} \lambda_i X_i (i = 1, 2, \cdots, 7) \tag{2.1}$$

式中，$Y_{气候}$表示冬小麦气候适宜性指数，X_i为气候因子，λ_i为权重。将气候因子标准化后乘以对应权重，进行空间叠加得到最终气候适宜性区划结果。采用自然分级法进行分级，得到冬小麦气候适宜性区划结果如图 2.9 所示。

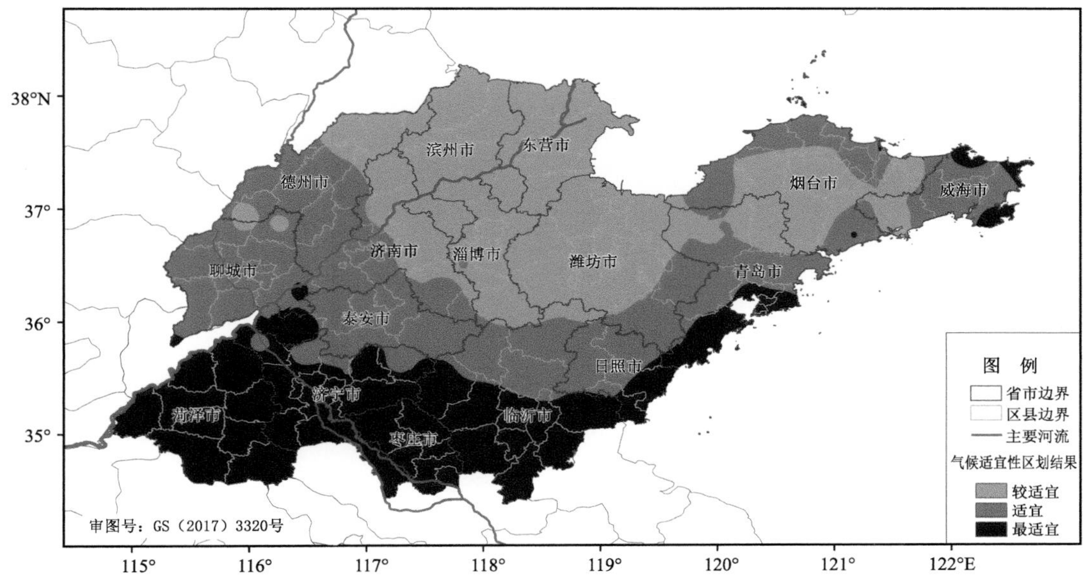

图 2.9　山东省冬小麦气候适宜性区划结果空间分布

山东省冬小麦气候适宜性区划结果显示，冬小麦气候适宜性指数整体自西南向东北逐渐降低。最适宜区主要分布在鲁南地区及威海、青岛两市的沿海部分地区，面积约占全省总面积的 27.8%；适宜区主要分布在聊城、泰安、德州、日照四市的大部分区域，济南南部、临沂北部及半岛沿海地区，面积约占全省总面积的 36%；较适宜区分布在鲁西北东部、鲁中大部及半岛内陆等地，面积占比约为 36.2%。

第三节　综合区划

将气候适宜性区划结果、地形适宜性区划结果和土壤适宜性区划结果标准化后进行空间叠加，得到冬小麦精细化农业气候资源区划结果，其计算公式为：

$$Y = \lambda_1 Y_{气候} + \lambda_2 Y_{地形} + \lambda_3 Y_{土壤} \tag{2.2}$$

式中，Y为农业气候资源综合指数，$\lambda_1 = 0.7$，$\lambda_2 = 0.1$，$\lambda_3 = 0.2$。采用自然分级法进行分级，得到冬小麦精细化农业气候资源区划结果见图 2.10。

综合气候、地形和土壤三大因子，可以看出，冬小麦适宜性较好，大部分区域为适宜区，最适宜区主要分布在鲁南、鲁西北南部及半岛沿海部分地区，较适宜区主要分布在鲁中、半岛内陆山区及鲁西北等地的北部滨海地区。最适宜、适宜、较适宜区分别占全省面积的 25.9%、54.9%、19.2%。

冬小麦种植适宜性还受灌溉能力的影响，因此用山东省灌溉能力数据对冬小麦农业气候

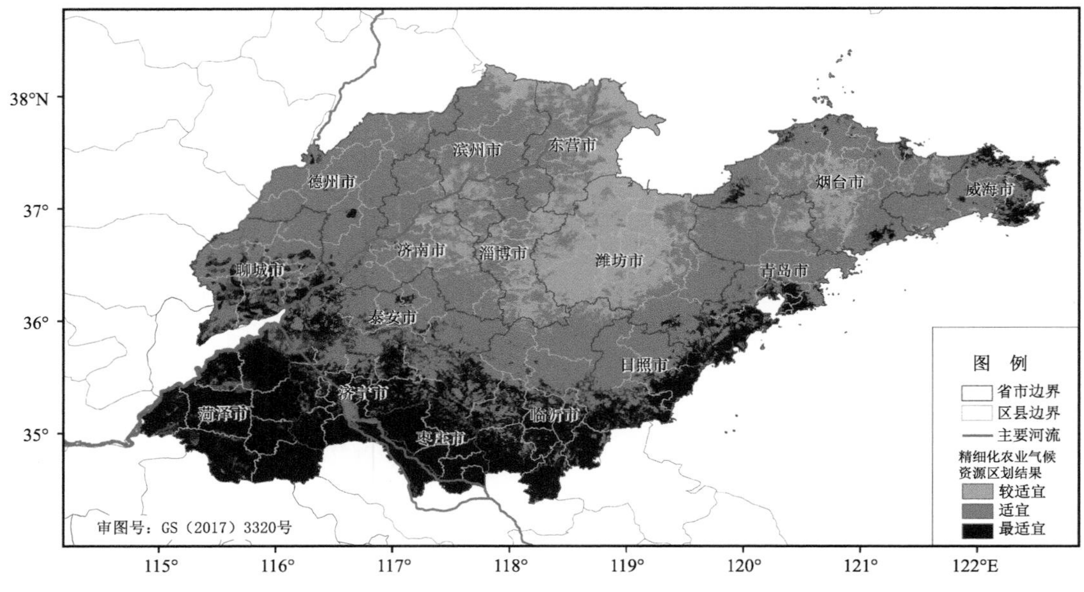

图 2.10　山东省冬小麦精细化农业气候资源区划结果空间分布

区划结果进行订正，并在考虑气候、地形和土壤三大区划因子的基础上，进一步考虑山东省的土地利用类型，将水域、城乡、工矿、居民用地等土地利用类型区域剔除，得到冬小麦精细化农业气候资源综合区划(图 2.11)。

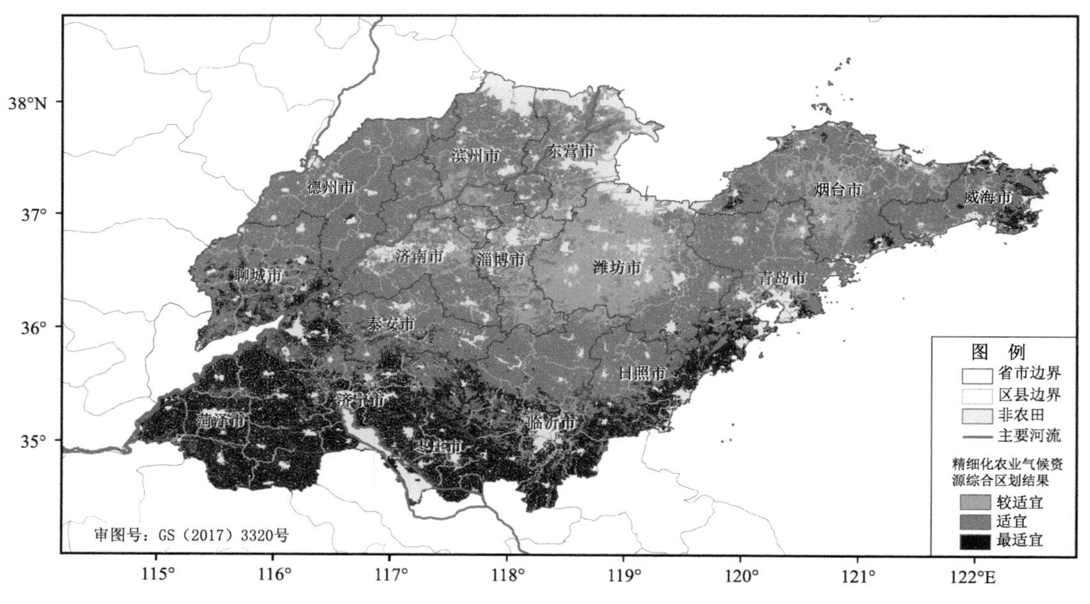

图 2.11　山东省冬小麦精细化农业气候资源综合区划结果空间分布

由图 2.11 可以看出，山东省冬小麦精细化农业气候资源最适宜区面积约占全省总面积的 28.4%；适宜区面积占比约为 37.8%；较适宜区面积，占比约为 10.3%。

第三章　夏玉米精细化农业气候资源区划

第一节　区划因子选择与权重

一、区划因子选择

夏玉米是山东省第二大主要粮食作物，其产量占全国的10.1%，在全国粮食生产中占有重要地位。山东省夏玉米一般于6月上中旬播种，9月下旬至10月上旬收获，整个发育阶段主要分为播种期、出苗期、三叶期、七叶期、拔节期、抽雄期、开花期、吐丝期、乳熟期和成熟期。

充分考虑山东省的夏玉米生产和农业气象条件，提出山东省夏玉米精细化农业气候资源区划指标。选取全生育期≥10 ℃活动积温、全生育期总降水量、拔节期到开花期总降水量、乳熟期到成熟期总降水量、抽雄期到成熟期总日照时数、抽雄期到成熟期日平均气温≤15 ℃日数6个气候要素作为夏玉米气候区划因子。选取海拔高度、坡度和坡向3个地形区划因子。选取土壤质地、土壤类型和土壤腐殖质厚度3个土壤区划因子。

二、因子权重

以气候适宜性区划因子为例，采用层次分析法(AHP)赋予不同因子权重，计算过程如下。

第一步：构建判断矩阵。根据各气候要素对夏玉米生长发育及产量形成的影响，分别赋值1～6，构成判别矩阵：

	Ⅰ	Ⅱ	Ⅲ	Ⅳ	Ⅴ	Ⅵ
Ⅰ	1	3	4	4	5	6
Ⅱ	1/3	1	2	2	3	4
Ⅲ	1/4	1/2	1	1	2	3
Ⅳ	1/4	1/2	1	1	2	3
Ⅴ	1/5	1/3	1/2	1/2	1	2
Ⅵ	1/6	1/4	1/3	1/3	1/2	1

注：矩阵中，Ⅰ．全生育期≥10 ℃活动积温，Ⅱ．抽雄期到成熟期总日照时数，Ⅲ．拔节期到开花期总降水量，Ⅳ．乳熟期到成熟期总降水量，Ⅴ．抽雄期到成熟期日平均气温≤15 ℃日数，Ⅵ．全生育期总降水量。

第二步：根据和积法，将判断矩阵归一化。过程为将每一列中的每一个数除以这一列的总和，得到标准化矩阵：

	Ⅰ	Ⅱ	Ⅲ	Ⅳ	Ⅴ	Ⅵ
Ⅰ	0.455	0.537	0.453	0.453	0.370	0.316
Ⅱ	0.152	0.179	0.226	0.226	0.222	0.211
Ⅲ	0.114	0.090	0.113	0.113	0.148	0.158
Ⅳ	0.114	0.090	0.113	0.113	0.148	0.158
Ⅴ	0.091	0.060	0.057	0.057	0.074	0.105
Ⅵ	0.076	0.045	0.038	0.038	0.037	0.053

第三步：计算各因子权重。将标准化矩阵每一行数据加和，数值为 6，将求和列中每个数除以 6，即得到各因子的权重。如全生育期≥10 ℃活动积温，其权重为 0.431，其他各因子权重如矩阵：

	Ⅰ	Ⅱ	Ⅲ	Ⅳ	Ⅴ	Ⅵ	求和	权重
Ⅰ	0.455	0.537	0.453	0.453	0.370	0.316	2.584	0.431
Ⅱ	0.152	0.179	0.226	0.226	0.222	0.211	1.216	0.203
Ⅲ	0.114	0.090	0.113	0.113	0.148	0.158	0.736	0.123
Ⅳ	0.114	0.090	0.113	0.113	0.148	0.158	0.736	0.123
Ⅴ	0.091	0.060	0.057	0.057	0.074	0.105	0.443	0.074
Ⅵ	0.076	0.045	0.038	0.038	0.037	0.053	0.286	0.048

第四步：进行矩阵一致性检验。将判断矩阵每一行与对应因子的权重相乘后求和，求出各气候因子的 AW 值。基于公式(1.8)，计算最大特征根 $\lambda_{max}=6.102$；基于公式(1.9)，计算一致性指标 CI＝0.020。查找平均随机一致性指标表 1.2 对应的 RI＝1.240，基于公式 CR＝CI/RI，CR＝0.016＜0.10，通过检验。因此，确定为全生育期≥10 ℃活动积温、抽雄期到成熟期总日照时数、拔节期到开花期总降水量、乳熟期到成熟期总降水量、抽雄期到成熟期日平均气温≤15 ℃日数、全生育期总降水量 6 个因子的权重分别为 0.431、0.203、0.123、0.123、0.074、0.048。

	Ⅰ	Ⅱ	Ⅲ	Ⅳ	Ⅴ	Ⅵ	权重	AW
Ⅰ	1	3	4	4	5	6	0.431	2.675
Ⅱ	1/3	1	2	2	3	4	0.203	1.249
Ⅲ	1/4	1/2	1	1	2	3	0.123	0.745
Ⅳ	1/4	1/2	1	1	2	3	0.123	0.745
Ⅴ	1/5	1/3	1/2	1/2	1	2	0.074	0.445
Ⅵ	1/6	1/4	1/3	1/3	1/2	1	0.048	0.289

最后，夏玉米精细化农业气候资源区划因子的权重如下。

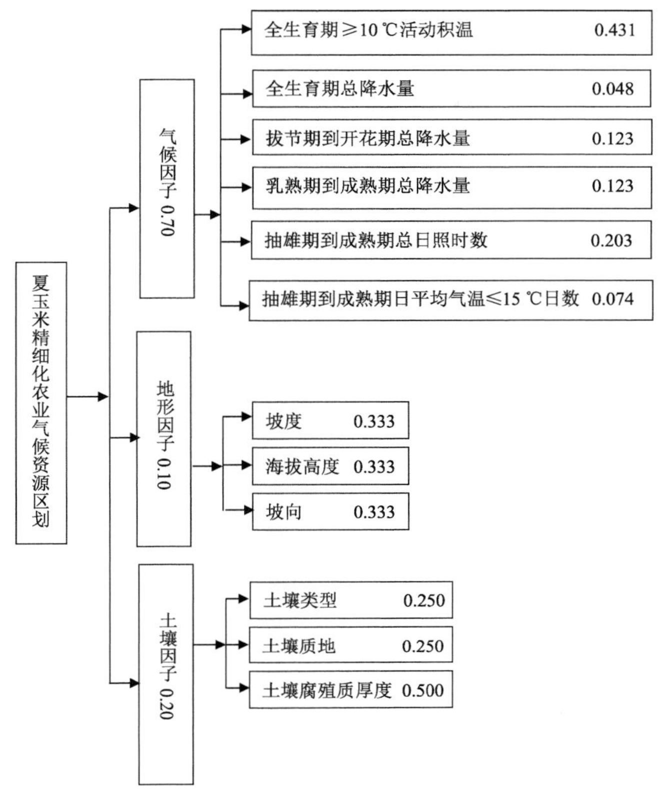

图 3.1　山东省夏玉米精细化农业气候资源区划因子及权重

第二节　气候因子

一、夏玉米气候适宜性区划因子空间分布

（一）全生育期≥10 ℃活动积温空间分布

全生育期≥10 ℃活动积温是夏玉米生长发育和产量形成的关键热量因子。积温越大，满足夏玉米生长发育的热量越充足，越有利于夏玉米的生长。因此，本书在计算气候适宜性指数时将此因子进行极大值标准化，山东省夏玉米全生育期≥10 ℃活动积温空间分布如图 3.2 所示。

可以看出，山东省夏玉米全生育期≥10 ℃活动积温整体上呈现出西部高、东部低的空间分布特征。夏玉米全生育期≥10 ℃活动积温全省平均值约为 2795.2 ℃·d；高值区主要分布在菏泽市、济宁市、枣庄市、聊城市、临沂市，最高值为 3053.1 ℃·d；低值区主要分布在威海市，最低值为 2285.0 ℃·d。

将山东省夏玉米全生育期≥10 ℃活动积温采用自然分级法分为 5 级，分别为：2285.0～2528.9 ℃·d、2528.9～2667.5 ℃·d、2667.5～2775.9 ℃·d、2775.9～2890.4 ℃·d、2890.4～3053.1 ℃·d。夏玉米全生育期≥10 ℃活动积温最低值区（2285.0～2528.9 ℃·d）主要分布在威海市，面积约占全省总面积的 3.9%。夏玉米全生育期≥10 ℃活动积温在

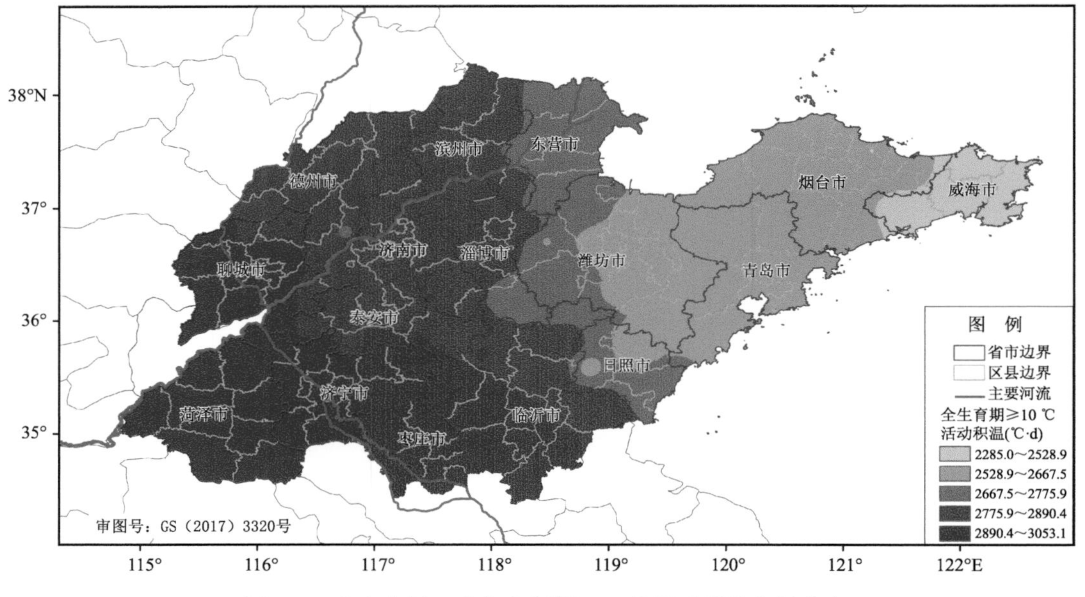

图 3.2　山东省夏玉米全生育期≥10 ℃活动积温空间分布

2528.9～2667.5 ℃·d范围内的区域主要分布在潍坊市中东部、青岛、烟台两市及日照市五莲县，面积约占全省总面积的22.7%。夏玉米全生育期≥10 ℃活动积温在2667.5～2775.9 ℃·d范围内的区域主要分布在东营市，潍坊市的寿光、青州、临朐等地，淄博市的沂源县，日照市的东港区、岚山区、莒县等地，面积约占全省总面积的12.8%。夏玉米全生育期≥10 ℃活动积温在2775.9～2890.4 ℃·d范围内的区域分布在滨州、德州、济南、泰安四市及聊城市的高唐、临清等地，淄博市的临淄、博山等地，临沂市的莒南、沂南、沂水、蒙阴等地，面积约占全省总面积的31.0%。夏玉米全生育期≥10 ℃活动积温最高值区(2890.4～3053.1 ℃·d)分布在聊城、菏泽、枣庄、济宁及临沂市的郯城、兰陵、平邑、临沭、费县、兰山区等地，面积约占全省总面积的29.6%。

（二）全生育期总降水量空间分布

全生育期总降水量对作物生长的影响反映在一系列生理和形态变化上，全生育期降水量大，总体有利于夏玉米的生长。因此，本书在计算气候适宜性指数时将此因子进行极大值标准化，山东省夏玉米全生育期总降水量空间分布如图3.3所示。

可以看出，山东省夏玉米全生育期总降水量整体上自东南向西北逐渐降低。夏玉米全生育期总降水量全省平均值约为464.0 mm，最高值为628.0 mm，最低值为361.1 mm。

将山东省夏玉米全生育期总降水量采用自然分级法分为5级，分别为：361.1～427.0 mm、427.0～462.6 mm、462.6～508.7 mm、508.7～561.0 mm、561.0～628.0 mm。夏玉米全生育期总降水量最低值区(361.1～427.0 mm)主要分布在聊城、东营两市，德州市的禹城、临邑、乐陵等地，滨州市的无棣、阳信、惠民和滨城区，潍坊市的潍城区、寿光、昌邑等地，烟台市的福山、蓬莱、龙口等地，面积约占全省总面积的27.5%。夏玉米全生育期总降水量在427.0～462.6 mm范围内的区域主要分布在菏泽市的牡丹区、巨野、郓城等地，济宁市的汶上、嘉祥，泰安市的肥城、东平等地，济南市的平阴、济阳、商河等地，淄博市的张店和临淄等地，滨州市的邹平，德州

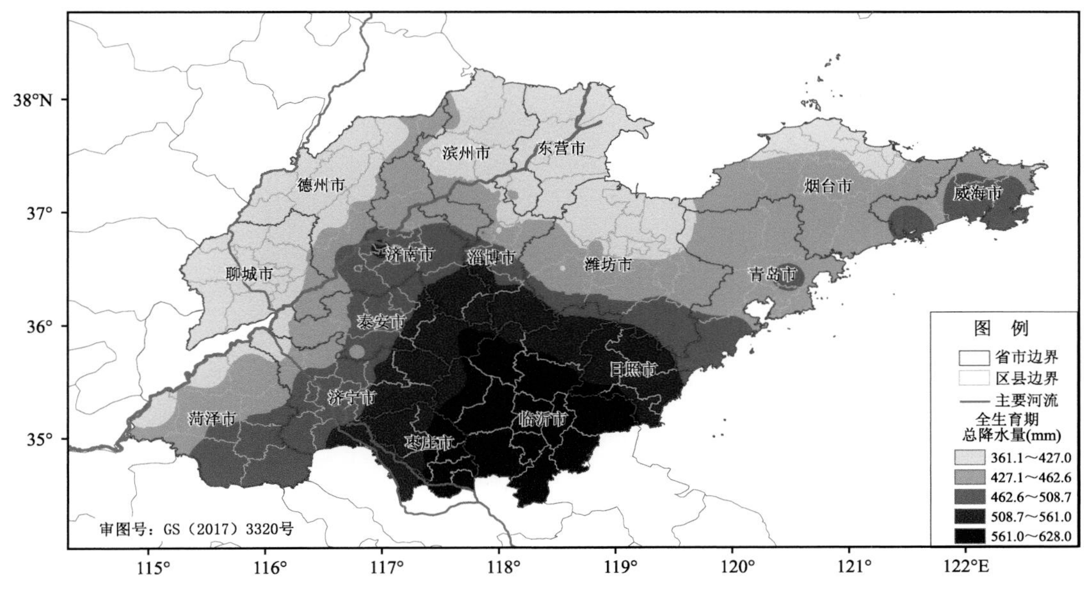

图 3.3　山东省夏玉米全生育期总降水量空间分布

市的庆云，潍坊市的青州、临朐、安丘和高密等地，青岛市的崂山、胶州、平度、即墨、莱西等地，烟台市莱州、栖霞、牟平等地，威海市的环翠区局部地区，面积约占全省总面积的 29.8%。夏玉米全生育期总降水量在 462.6～508.7 mm 范围内的区域主要分布在菏泽市的曹县、成武、定陶、单县等地，济宁市的鱼台、金乡、嘉祥等地，淄博市的淄川、博山等地，潍坊市的临朐、安丘、诸城等地，青岛市的即墨区局部地区，威海市的乳山、荣成、文登等地，济南市的长清、章丘等地，泰安市的泰山区和肥城，面积约占全省总面积的 18.3%。夏玉米全生育期总降水量在 508.7～561.0 mm 范围内的区域主要分布在济宁市的鱼台、微山、泗水、邹城等地，临沂市的平邑、沂水、蒙阴等地，泰安市的新泰，济南市的莱芜区、钢城区等地，淄博市的沂源、博山等地，日照市的东港区、岚山区、莒县、五莲等地，面积约占全省总面积的 13.3%。夏玉米全生育期总降水量最高值区(561.0～628.0 mm)分布在枣庄市的市中区、台儿庄、峄城等地，临沂市的河东区、郯城、兰陵、临沭、蒙阴等地及泰安市的新泰局部，面积约占全省总面积的 11.1%。

(三)拔节期到开花期总降水量空间分布

拔节期至开花期是夏玉米需水关键期，此阶段植株生理代谢活动旺盛，耗水量大，若该阶段水分不足，会引起夏玉米抽雄开花期花粉粒发育不健全，导致授粉不良，影响夏玉米结实率；若该阶段水分充足，可以提高夏玉米花粉和花丝的生长力，有利于授粉结粒，籽粒孕育，增加果穗粒数，提高夏玉米产量。因此，本书在计算气候适宜性指数时将此因子进行极大值标准化，山东省夏玉米拔节期到开花期总降水量空间分布如图 3.4 所示。

可以看出，山东省夏玉米拔节期到开花期总降水量空间分布不均匀，整体表现为中部高、东西低的空间分布特征，同时半岛中部地区也为较高值区。夏玉米拔节期到开花期总降水量全省平均值约为 132.1 mm，最高值为 172.3 mm，最低值为 103.1 mm。

将山东省夏玉米拔节期到开花期总降水量采用自然分级法分为 5 级，分别为：103.1～119.4 mm、119.4～129.7 mm、129.7～139.2 mm、139.2～148.7 mm、148.7～172.3 mm。夏玉

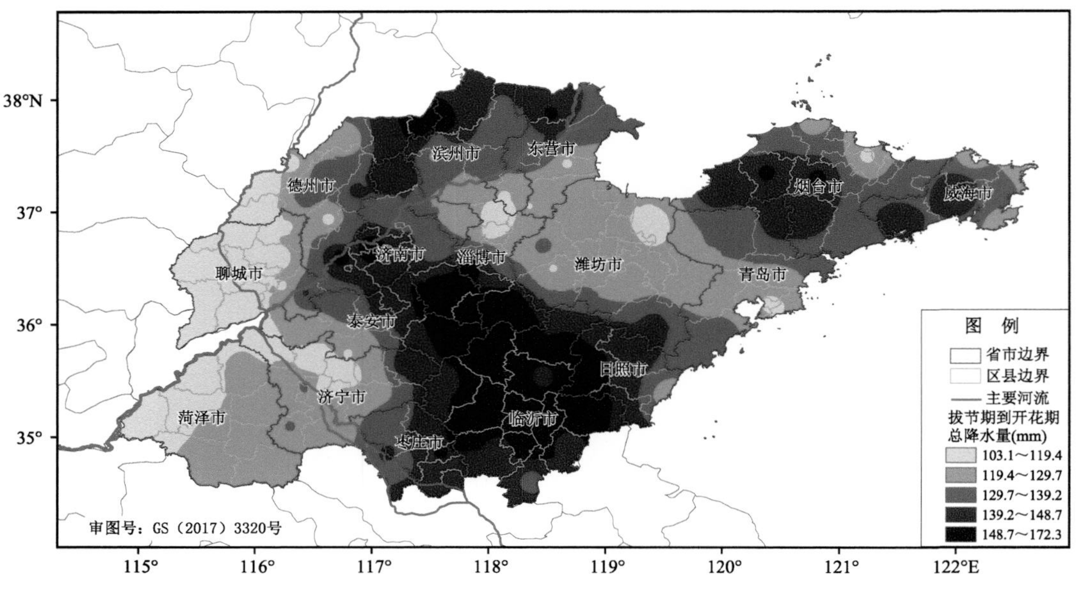

图 3.4　山东省夏玉米拔节期到开花期总降水量空间分布

米拔节期到开花期总降水量最低值区(103.1～119.4 mm)主要分布在聊城市的莘县、冠县、高唐、临清等地，德州市的德城区、武城等地，淄博市的桓台及潍坊市的昌邑等地，面积约占全省总面积的12.0%。夏玉米拔节期到开花期总降水量在119.4～129.7 mm范围内的区域分布在德州市的宁津、禹城等地，聊城市的东阿、茌平等局部地区，泰安市的东平、宁阳等地，济宁市的曲阜、邹城、鱼台、金乡等地，菏泽市的单县、曹县、郓城等地，东营市的东营区、广饶等地，淄博市的高青、临淄等地，滨州市的邹平，潍坊市的寿光、临朐、安丘、高密等地，青岛市的即墨、胶州、平度等地，日照市的东港区局部区域，威海市的环翠区、荣成等局部区域，烟台市的福山、蓬莱等局部区域，面积约占全省总面积的27.9%。夏玉米拔节期到开花期总降水量在129.7～139.2 mm范围内的区域分布在德州市的陵城、临邑等地，滨州市的滨城区、惠民、阳信、沾化等地，东营市的垦利、利津等地，济南市的济阳、章丘等地，泰安市的肥城、宁阳等地，枣庄市的滕州、薛城等地，淄博市的淄川区，潍坊市的临朐、安丘、诸城等地，青岛市的黄岛、平度、即墨等地，威海市的环翠区、荣成等局部地区，烟台市的龙口、海阳等地，青岛市的莱西，临沂市的郯城局部区域，面积约占全省总面积的24.5%。夏玉米拔节期到开花期总降水量在139.2～148.7 mm范围内的区域分布在威海市的文登、乳山等地，烟台市的莱阳、莱州、招远、栖霞等地，东营市的河口区，滨州市的无棣县，德州市的乐陵、临邑、陵城等地，济南市的商河、长清、天桥区等地，泰安市的泰山区、岱岳区、新泰等地，济宁市的泗水，枣庄市的山亭区、台儿庄、峄城等地，临沂市的平邑、兰陵、郯城、沂水等地，潍坊市的诸城局部区域，日照市的岚山区、东港区和五莲等地，面积约占全省总面积的22.2%。夏玉米拔节期到开花期总降水量最高值区(148.7～172.3 mm)主要分布在临沂市的罗庄区、费县、莒南、沂水、蒙阴等地，泰安市的新泰，济南市的莱芜区、钢城区、市中区等地，淄博市的沂源、博山等地，日照市的莒县，烟台市的招远、栖霞等局部地区，德州市的庆云、无棣等地，东营市的河口区小部分区域，面积约占全省总面积的13.4%。

（四）乳熟期到成熟期总降水量空间分布

乳熟期到成熟期，夏玉米叶面积系数高，光合作用旺盛，日耗水量较大，此阶段水分充足，可防止植株早衰，延长籽粒灌浆期，增加粒重。因此本书在计算气候适宜性指数时将此因子进行极大值标准化，夏玉米乳熟期到成熟期总降水量空间分布如图 3.5 所示。

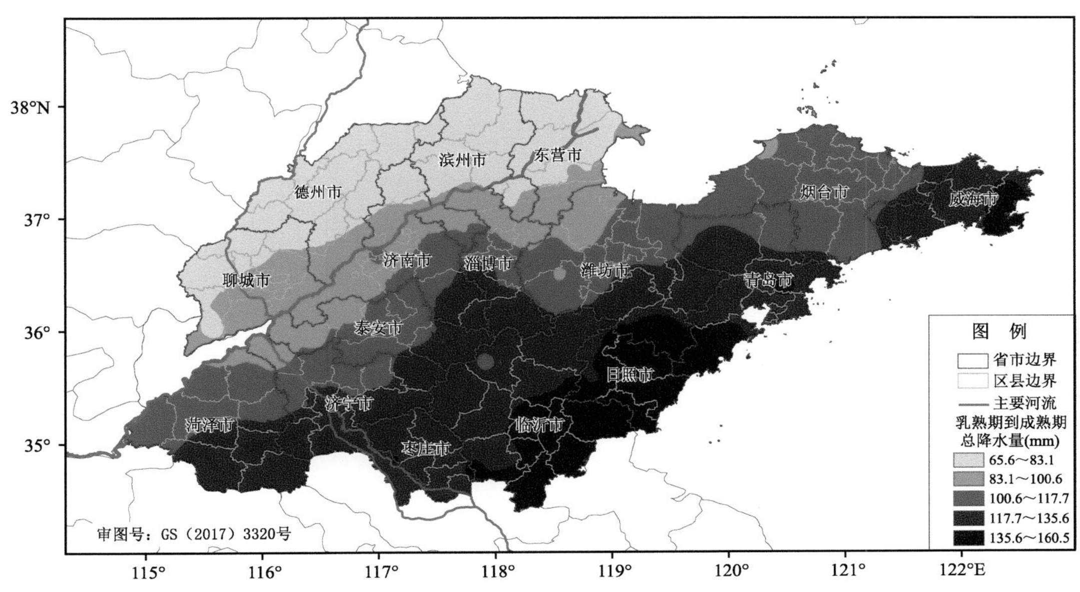

图 3.5 山东省夏玉米乳熟期到成熟期总降水量空间分布

可以看出，山东省夏玉米乳熟期到成熟期总降水量整体自东南向西北逐渐降低。夏玉米乳熟期到成熟期总降水量全省平均值为 108.0 mm，最高值为 160.5 mm，最低值为 65.6 mm。

将山东省夏玉米乳熟期到成熟期总降水量采用自然分级法分为 5 级，分别为：65.6～83.1 mm、83.1～100.6 mm、100.6～117.7 mm、117.7～135.6 mm、135.6～160.5 mm。夏玉米乳熟期到成熟期总降水量最低值区（65.6～83.1 mm）主要分布在聊城市的莘县、冠县、临清、高唐等地，德州市的夏津、禹城、临邑、乐陵、庆云等地，滨州市的滨城区、无棣、沾化、惠民、博兴等地，济南市的商河，东营市的东营区、河口、垦利等地，面积约占全省总面积的 17.6%。夏玉米乳熟期到成熟期总降水量在 83.1～100.6 mm 范围内的区域主要分布在聊城市的阳谷、东阿等地，济南市的槐荫区、长清、济阳等地，滨州市的邹平，东营市的广饶，淄博市的高青、桓台、临淄等地，潍坊市的寿光及临朐小部分区域，面积约占全省总面积的 14.0%。夏玉米乳熟期到成熟期总降水量在 100.6～117.7 mm 范围内的区域主要分布在菏泽市的牡丹区、东明、郓城、巨野等地，济宁市的汶上、曲阜等地，泰安市的岱岳区、泰山区、宁阳县等地，济南市的莱芜、章丘等地，淄博市的淄川、张店等地，潍坊市的临朐、青州、昌乐、昌邑等地，青岛市的平度局部地区，烟台市全境，面积约占全省总面积的 25.4%。夏玉米乳熟期到成熟期总降水量在 117.7～135.6 mm 范围内的区域主要分布在菏泽市的曹县、单县、定陶、成武等地，济宁市的任城区、金乡、鱼台、邹城、泗水等地，枣庄市全境，临沂市的兰陵、费县、蒙阴、沂水等地，泰安市的新泰，济南市的莱芜区、钢城区等地，淄博市的淄川、博山、沂源等地，潍坊市的安丘、高密等地，青岛市的崂山、胶州、平度、即墨等地，威海市的环翠区、文登、乳山等地，烟台市的牟平，面积约占全省总面积的 31.9%。夏玉米乳熟到成熟期总降水量最高值区(135.6～160.5 mm)主要分布在临沂市的兰山区、兰陵、郯城等地,日照市的东港区、岚山区等地,青岛市的黄岛区及即墨区小部分区域,潍坊市的诸城,威海市的荣成等地,面积约占全省总面积的 11.1%。

(五)抽雄期到成熟期总日照时数空间分布

抽雄期到成熟期,光照充足,夏玉米雌雄穗发育优良,籽粒增多,粒重高,有助于增加夏玉米产量,抽雄期到成熟期总日照时数越大,越有利于夏玉米的生长。因此,本书在计算气候适宜性指数时将此因子进行极大值标准化,山东省夏玉米抽雄期到成熟期总日照时数空间分布如图 3.6 所示。

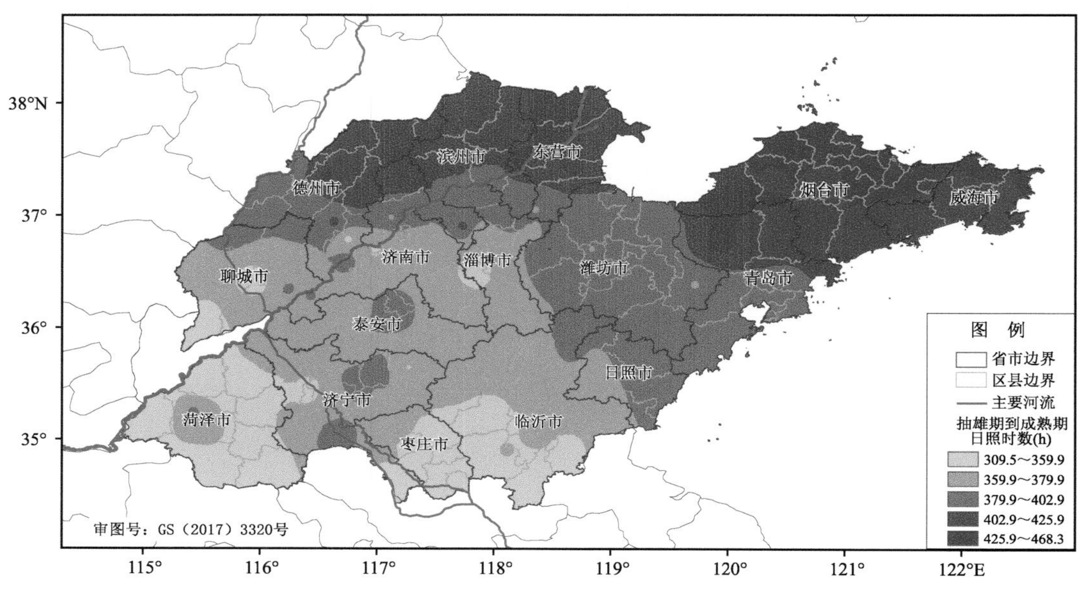

图 3.6 山东省夏玉米抽雄期到成熟期总日照时数空间分布

可以看出,山东省夏玉米抽雄期到成熟期总日照时数整体自西南向东北逐渐增多。夏玉米抽雄期到成熟期总日照时数全省平均值为 388.0 h,最高值为 468.3 h,最低值为 309.5 h。

将山东省夏玉米抽雄期到成熟期总日照时数采用自然分级法分为 5 级,分别为:309.5～359.9 h、359.9～379.9 h、379.9～402.9 h、402.9～425.9 h、425.9～468.3 h。夏玉米抽雄期到成熟期总日照时数最低值区(309.5～359.9 h)主要分布在菏泽市的曹县、东明、单县、巨野等地,济宁市的嘉祥,枣庄市的山亭区、薛城、台儿庄等地,临沂市的费县、兰陵、郯城、临沭等地,聊城市的东昌府区、莘县等地,淄博市的淄川、博山等地,面积约占全省总面积的 14.2%。夏玉米抽雄期到成熟期总日照时数在 359.9～379.9 h 范围内的区域主要分布在聊城、泰安、济南、淄博、临沂、济宁等市的大部分区域,日照市的莒县,枣庄市的滕州,菏泽市的牡丹区和定陶等地,面积约占全省总面积的 30.3%。夏玉米抽雄期到成熟期总日照时数在 379.9～402.9 h 范围内的区域主要分布在潍坊市全境,德州市的武城、平原等地,聊城市的高唐、临清等局部地区,滨州市的滨城区、惠民、邹平、博兴等局部地区,济南市的济阳,东营市的广饶县,淄博市的桓台、高青等地,泰安市的岱岳区、泰山区等地,济宁市的鱼台、曲阜等地,日照市的东港区和五莲县,临沂市的沂水县,青岛市的即墨、黄岛、胶州、崂山等地,面积约占全省总面积的 27.0%。

夏玉米抽雄期到成熟期总日照时数在 402.9～425.9 h 范围内的区域主要分布在德州市的东部，滨州市的北部，济南市的商河县，东营市垦利、广饶等局部地区，潍坊市的寿光等局部地区，青岛市的莱西、平度、即墨等局部地区，威海市的文登、乳山、荣成等地，烟台市的栖霞、招远、海阳、莱阳等地，面积约占全省总面积的 19.4%。夏玉米抽雄期到成熟期总日照时数最高值区(425.9～468.3 h)主要分布在东营市的东营区、利津、河口等地，烟台市的莱山区、莱州等地，威海市的环翠区，青岛市的平度，面积约占全省总面积的 9.1%。

(六)抽雄期到成熟期日平均气温≤15 ℃日数空间分布

夏玉米抽雄期到成熟期，是产量形成的关键期，夏玉米灌浆最适温度为 22～24 ℃，下限温度为 15～17 ℃，日平均气温≤15 ℃日数越小，越有利于夏玉米生长。因此，本书在计算气候适宜性指数时将此因子进行极小值标准化，山东省夏玉米抽雄期到成熟期日平均气温≤15 ℃日数空间分布如图 3.7 所示。

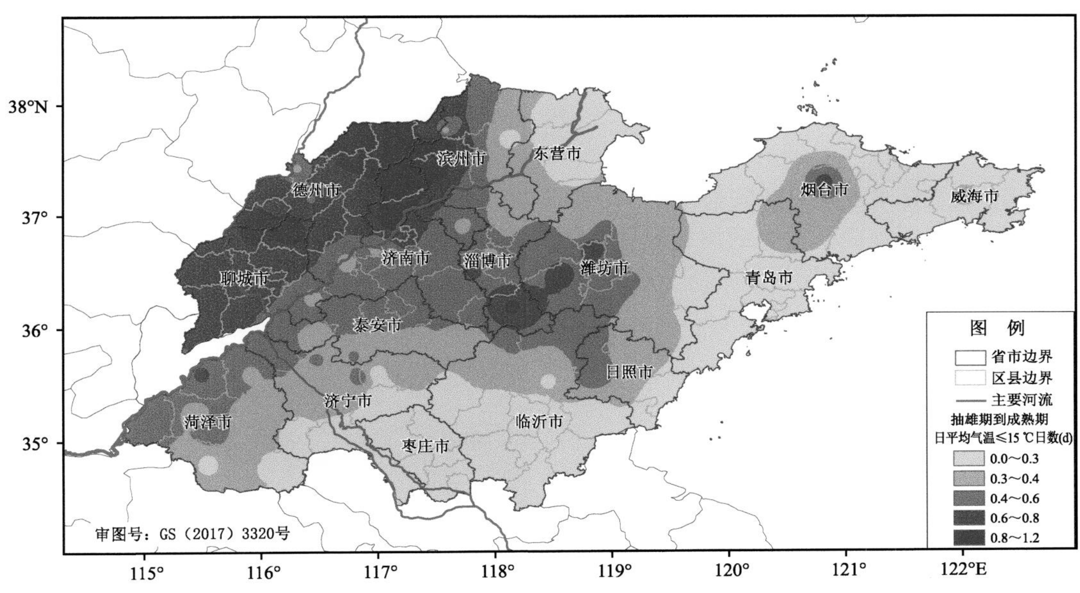

图 3.7　山东省夏玉米抽雄期到成熟期日平均气温≤15 ℃日数空间分布

可以看出，山东省夏玉米抽雄期到成熟期日平均气温≤15 ℃日数整体呈现出自西北向东南逐渐减少的趋势。夏玉米抽雄期到成熟期日平均气温≤15 ℃日数全省平均值约为 0.4 d，最高值为 1.2 d，最低值为 0 d。

将山东省夏玉米抽雄期到成熟期日平均气温≤15 ℃日数采用自然分级法分为 5 级，分别为：0.0～0.3 d、0.3～0.4 d、0.4～0.6 d、0.6～0.8 d、0.8～1.2 d。夏玉米抽雄期到成熟期日平均气温≤15 ℃日数最低值区(0.3～0.3 d)主要分布在枣庄市全境，东营、青岛、临沂、烟台、威海等市的大部分区域，日照市的东港区、岚山区等地，济宁市的邹城、金乡、鱼台、微山等地，菏泽市的单县及曹县小部分地区，面积约占全省总面积的 35.1%。夏玉米抽雄期到成熟期日平均气温≤15 ℃日数在 0.3～0.4 d 范围内的区域主要分布在滨州市的滨城区、沾化、博兴等地，东营市的广饶县，淄博市的桓台、淄川地，潍坊市的北部和东部，烟台市莱阳、栖霞，青岛市的莱西，临沂市的沂南、蒙阴等地，泰安市的新泰、宁阳、东平等地，济宁市的北部地区，菏泽市的牡丹区、曹县、成武、巨野等地，面积约占全省总面积的 25.6%。夏玉米抽雄期到成熟期日平均气温≤15 ℃日数在 0.4～0.6 d 范围内的区域主要分布在淄博、济南两市的大部分区域，滨州市的滨城区、无棣、邹平等地，德州市的德城区，潍坊市的青州、临朐、昌乐、安丘等地，临沂市的沂水县，菏泽市的东明、郓城等地，济宁市的梁山，泰安市的岱岳区、东平、肥城等地，日照市的莒县，烟台市的栖霞局部地区，面积约占全省总面积的 22.4%。夏玉米抽雄期到成熟期日平均气温≤15 ℃日数在 0.6～0.8 d 范围内的区域主要分布在聊城市的大部分区域，淄博市的沂源、博山等地，潍坊市的潍城区、临朐等地，德州市的武城、禹城、临邑、庆云等地，滨州市的无棣、惠民等地，面积约占全省总面积的 11.9%。夏玉米抽雄期到成熟期日平均气温≤15 ℃日数最高值区（0.8～1.2 d）主要分布在聊城市的高唐、临清等地，德州市的夏津、宁津、乐陵等地，济南市的济阳、商河等地，滨州市的阳信、惠民等地，淄博市的沂源县小部分地区，面积约占全省总面积的 5.0%。

二、夏玉米气候适宜性区划

将影响夏玉米生长发育的关键气候因子进行累加，其表达式为：

$$Y_{气候} = \sum_{i=1}^{6} \lambda_i X_i (i = 1,2,\cdots,6) \tag{3.1}$$

式中，$Y_{气候}$表示夏玉米气候适宜性指数，X_i为气候因子，λ_i为权重。将气候因子标准化后乘以对应权重，进行空间叠加得到最终气候适宜性区划结果。采用自然分级法进行分级，得到夏玉米气候适宜性区划结果如图 3.8 所示。

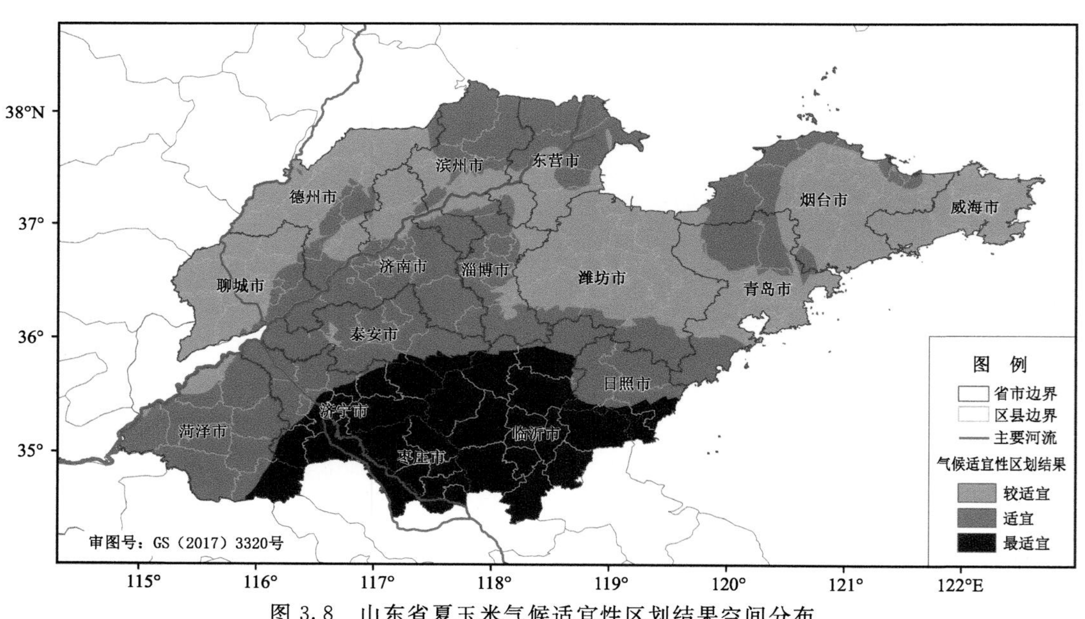

图 3.8　山东省夏玉米气候适宜性区划结果空间分布

山东省夏玉米气候适宜性区划结果显示，夏玉米气候适宜性指数空间分布不均匀，整体呈现出南高北低的空间分布特征。最适宜区分布在枣庄市全境，济宁、临沂两市的大部分区域，日照市的南部，菏泽市的单县，面积约占全省总面积的 19.7%；适宜区主要分布在菏泽、济南、泰安、淄博、日照等市的大部分区域，济宁、滨州、东营等市的北部区域，德州市的齐河、临邑、禹城等地，聊城市的东阿，青岛市的平度，烟台市的莱州、龙口等地，面积约占全省总面积的41.8%；较适宜区主要分布在威海市全境，潍坊、烟台、青岛、德州、聊城等市的大部分区域，滨州、东营两市的南部，面积约占比为38.5%。

第三节　综合区划

将气候适宜性区划结果、地形适宜性区划结果和土壤适宜性区划结果标准化后进行空间叠加，得到山东省夏玉米精细化农业气候资源区划综合结果，其计算公式为：

$$Y = \lambda_1 Y_{气候} + \lambda_2 Y_{地形} + \lambda_3 Y_{土壤} \quad (3.2)$$

式中，Y 为农业气候资源综合指数，$\lambda_1=0.7$，$\lambda_2=0.1$，$\lambda_3=0.2$。采用自然分级法对区划结果进行分级，得到山东省夏玉米精细化农业气候资源区划结果如图 3.9 所示。

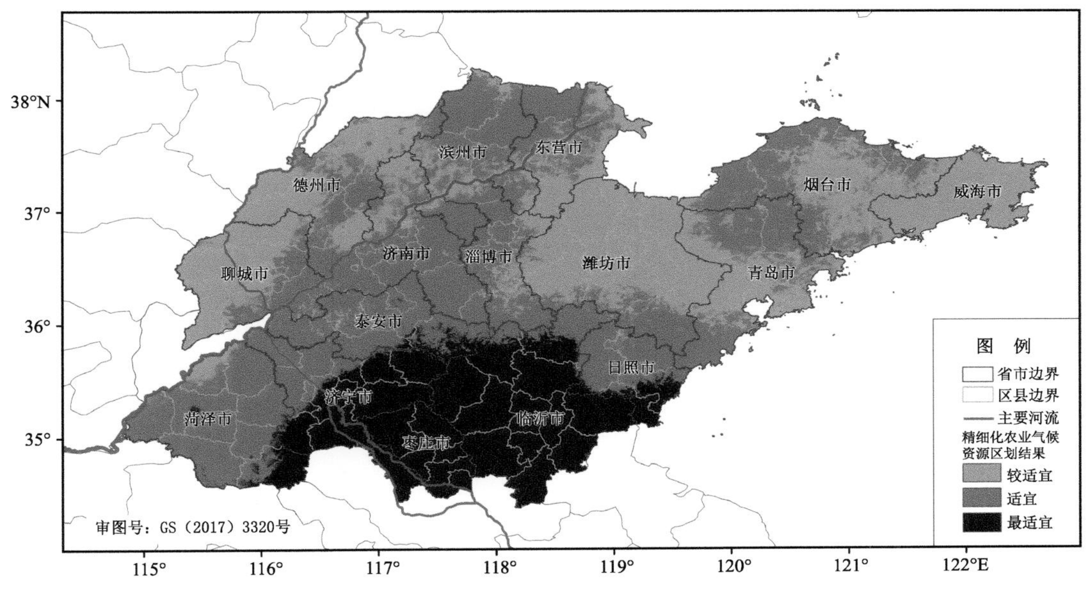

图 3.9　山东省夏玉米精细化农业气候资源区划结果空间分布

综合气候、地形和土壤三大因子，可以看出，山东省夏玉米适宜性较好，大部分区域均为最适宜和适宜。最适宜区主要分布在济宁、枣庄、临沂等市及日照、菏泽两市的局部，适宜区主要分布在菏泽、日照、泰安、淄博、滨州、东营、烟台、青岛等市的大部分区域，济宁市的北部，德州、聊城、潍坊等市的小部分区域；较适宜区主要分布在威海市，潍坊、德州、聊城等市的大部分区域，滨州、东营两市的南部，烟台市的中东部及青岛市的中部地区。最适宜、适宜、较适宜区面积分别占全省面积的 19.9%、43.0%、37.1%。

夏玉米种植适宜性还受灌溉能力的影响，因此用山东省灌溉能力数据对玉米农业气候区划结果进行订正，并在考虑气候、地形和土壤三大因子区划的基础上，进一步考虑山东省的土地利用类型，将水域、城乡、工矿、居民用地等土地利用类型区域剔除，得到山东省夏玉米精细化农业气候资源综合区划(图 3.10)。

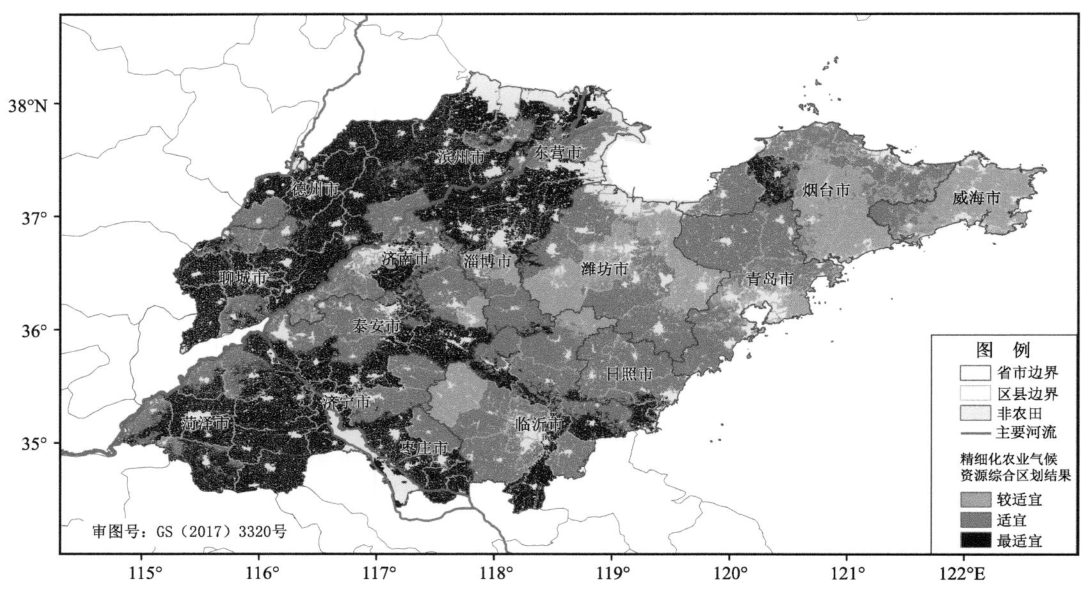

图 3.10　山东省夏玉米精细化农业气候资源综合区划结果空间分布

由图 3.10 可以看出，山东省夏玉米精细化农业气候资源最适宜区面积约占全省总面积的 30.5%，适宜区面积占比约为 32.9%，较适宜区面积占比约为 13.1%。

第四章　大豆精细化农业气候资源区划

第一节　区划因子选择与权重

一、区划因子选择

山东省是黄淮海大豆主要种植区域之一，近年来，大豆生产备受重视。山东省大豆一般于6月上旬开始播种，9月下旬收获，整个发育阶段主要分为播种期、苗期、分枝期、开花结荚期、鼓粒期和成熟收获期。

大豆是喜温性作物，全生育期要求较高的温度条件，平均气温在24～26 ℃对大豆的生长最为适宜。大豆早熟种要求≥10 ℃以上的活动积温为1600 ℃·d，晚熟种要求≥10 ℃以上的活动积温为3200 ℃·d左右，全生育期≥10 ℃活动积温越多对大豆生长发育越有利。在5 cm土层日平均温度达到10～12 ℃时开始播种，大豆种子吸水量达到5%时才能萌芽，播种时土壤水分必须充足，田间持水量不能低于60%。产量的高低与降水量多少有关，大豆全生育期需要充足的水分，尤其在开花结荚期间，要保证水分的充足，否则会因干旱导致大豆的减产，6—9月的降水量在435 mm以上可满足大豆需要，而降水过多，影响光照，增加病害，倒伏和杂草危害，也影响大豆产量和品质的提高。大豆喜富含有机质的土壤，不耐盐碱，需肥较多，需氮量比同产量水平的禾谷类多4～5倍。

充分考虑山东省的大豆生产和农业气象条件，提出山东省大豆精细化农业气候区划指标。选取全生育期≥10 ℃活动积温、全生育期总降水量、全生育期总日照时数、开花结荚期至鼓粒期平均气温15～28 ℃日数、种子萌发和出苗期平均气温5个气候要素作为大豆精细化农业气候区划的因子。选取海拔高度、坡度、坡向3个地形要素作为大豆农业地形区划因子，选取土壤质地、土壤类型和土壤腐殖质厚度3个土壤要素作为大豆农业土壤区划因子。

二、因子权重

以气候区划因子为例，采用层次分析法(AHP)赋予不同因子权重，计算过程如下。

第一步：构建判断矩阵。

根据大豆生育期各气候因子对大豆生长的影响，将大豆种子萌发至出苗期平均气温、全生育期总降水量、全生育期≥10 ℃活动积温、开花结荚期至鼓粒期平均气温15～28 ℃日数、全生育期总日照时数分别赋值1～5，构成判别矩阵：

	Ⅰ	Ⅱ	Ⅲ	Ⅳ	Ⅴ
Ⅰ	1	2	3	3	5
Ⅱ	1/2	1	2	2	4
Ⅲ	1/3	1/2	1	1	2
Ⅳ	1/3	1/2	1	1	2
Ⅴ	1/5	1/4	1/2	1/2	1

注：矩阵中，Ⅰ．种子萌发至出苗期平均气温，Ⅱ．全生育期总降水量，Ⅲ．全生育期≥10 ℃活动积温，Ⅳ．开花结荚期至鼓粒期平均气温 15～28 ℃日数，Ⅴ．全生育期总日照时数。

第二步：根据和积法，将判断矩阵归一化。过程为将每一列中的每一个数除以这一列的总和，得到标准化矩阵：

	Ⅰ	Ⅱ	Ⅲ	Ⅳ	Ⅴ
Ⅰ	0.423	0.471	0.400	0.400	0.357
Ⅱ	0.211	0.235	0.267	0.267	0.286
Ⅲ	0.141	0.118	0.133	0.133	0.143
Ⅳ	0.141	0.118	0.133	0.133	0.143
Ⅴ	0.085	0.059	0.067	0.067	0.071

第三步：计算各因子权重。将新矩阵求和列数据加和，数值为 5，将求和列中每个数除以 5，即得到各因子的权重。如种子萌发至出苗期平均气温，其权重为 0.410，其他各因子权重如矩阵：

	Ⅰ	Ⅱ	Ⅲ	Ⅳ	Ⅴ	求和	权重
Ⅰ	0.423	0.471	0.400	0.400	0.357	2.050	0.410
Ⅱ	0.211	0.235	0.267	0.267	0.286	0.266	0.253
Ⅲ	0.141	0.118	0.133	0.133	0.143	0.668	0.134
Ⅳ	0.141	0.118	0.133	0.133	0.143	0.668	0.134
Ⅴ	0.085	0.059	0.067	0.067	0.071	0.348	0.070

第四步：判断矩阵一致性检验。

将判断矩阵每一行与对应因子的权重相乘后求和，求出各气候因子的 AW 值。基于公式(1.8)，计算最大特征根 $\lambda_{max}=5.018$，查找平均随机一致性指标表 1.2 对应的 RI＝1.120，基于公式(1.9)计算一致性指标 CI＝0.005，CR＝CI/RI，CR＝0.004＜0.10，通过检验。因此，确定为种子萌发至出苗期平均气温、全生育期总降水量、全生育期≥10 ℃活动积温、开花结荚期至鼓粒期平均气温 15～28 ℃日数和全生育期总日照时数 5 个因子的权重分别为 0.410、0.253、0.134、0.134、0.070。

	Ⅰ	Ⅱ	Ⅲ	Ⅳ	Ⅴ	权重	AW
Ⅰ	1	2	3	3	5	0.410	2.066
Ⅱ	1/2	1	2	2	4	0.253	1.271
Ⅲ	1/3	1/2	1	1	2	0.134	0.670
Ⅳ	1/3	1/2	1	1	2	0.134	0.670
Ⅴ	1/5	1/4	1/2	1/2	1	0.070	0.349

最后，大豆精细化农业气候资源区划因子的权重如下。

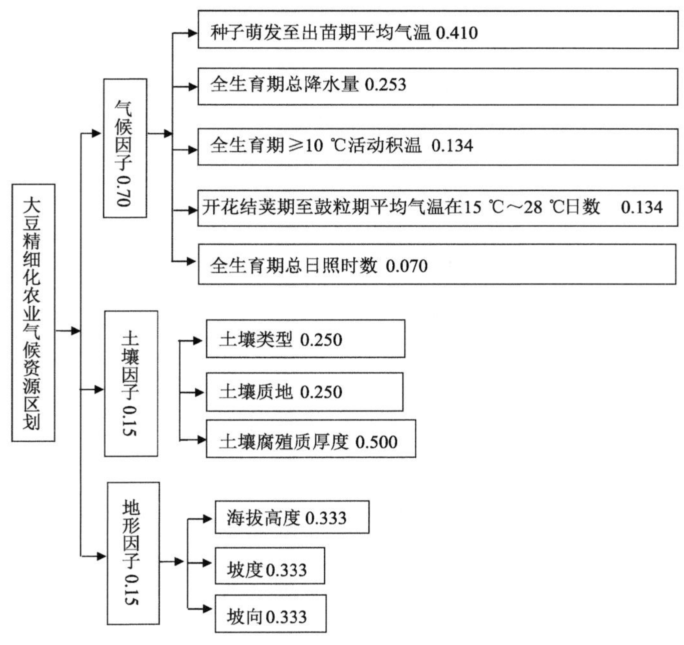

图 4.1　大豆精细化农业气候资源区划因子及权重

第二节　气候因子

一、大豆气候适宜性区划因子空间分布

(一)全生育期≥10 ℃活动积温空间分布

大豆是喜温作物，全生育期≥10 ℃活动积温与大豆实际产量和气象产量主要呈正相关。当日平均气温没有稳定通过 10 ℃时，会影响大豆的种子萌发，出苗率降低，后期的结荚数量大幅减少，最后影响大豆的产量。因此，本书在计算气候适宜性指数时，对该因子进行极大值标准化。山东省大豆全生育期≥10 ℃活动积温空间分布如图 4.2 所示。

可以看出，山东省大豆全生育期≥10 ℃活动积温全省范围内空间差异明显。总体表现为鲁西北、鲁中地区≥10 ℃活动积温最高；半岛地区略低，空间上呈现自西向东逐渐减少的趋势具体为：大豆全生育期≥10 ℃活动积温全省平均值约 3096.4 ℃·d，高值区主要分布在淄博市、潍坊市，德州市、聊城市、威海市、烟台市等地，最高值为 3257.3 ℃·d；低值区主要分布在滨州市、东营市及济宁市、菏泽市等地，最低值为 2803.6 ℃·d。

将山东省大豆全生育期≥10 ℃活动积温采用自然分级法分为 5 级，大豆全生育期≥10 ℃·d 活动积温最低值区分布在济宁市邹城市、微山县、兖州区、任城区、汶上县等地，东营市的河口区、垦利区、利津县以及滨州市的沾化区、滨城区、无棣县等地，面积约占全省总面积的 10.7%。大豆全生育期≥10 ℃活动积温在 3048.9～3080.2 ℃·d 范围内的区域分布在菏泽市曹县、单县、定陶区、巨野县、牡丹区等地，济宁市的鱼台县、金乡县、泗水县等地，枣庄市的台

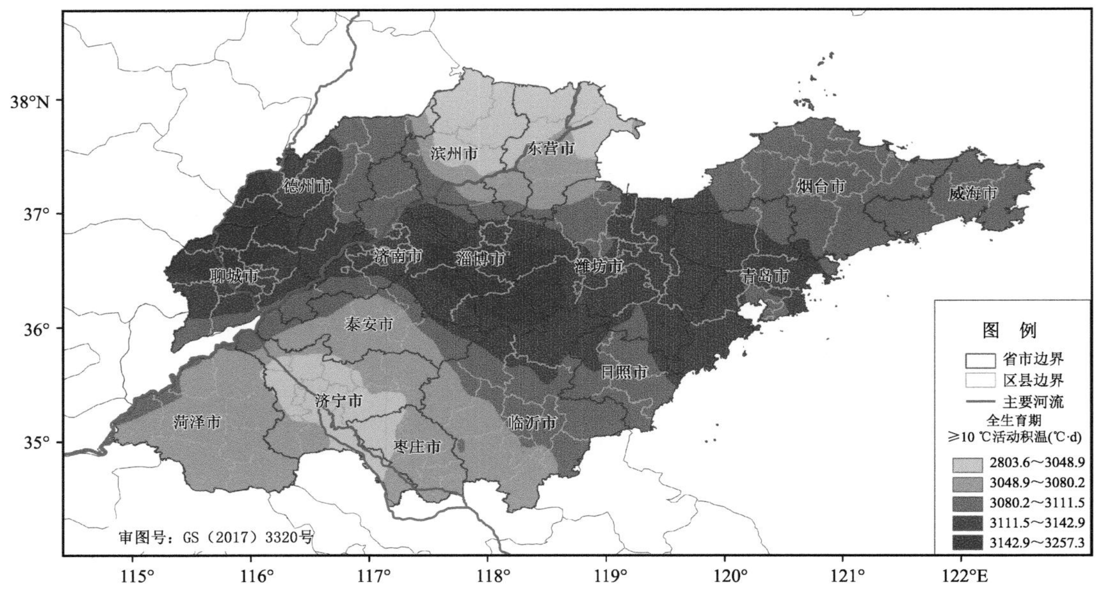

图 4.2　山东省大豆全生育期≥10 ℃活动积温空间分布

儿庄区、山亭区以及临沂市的费县、兰陵县、郯城县、平邑县等地，泰安市的岱岳区、泰山区、宁阳县等地，东营市的东营区、广饶县，滨州博兴县、淄博高青县等地，面积约占全省总面积的 23.0%。大豆全生育期≥10 ℃活动积温在 3080.2～3111.5 ℃·d 范围内的区域分布在烟台市的栖霞市、莱阳市、招远市、龙口市、海阳市以及威海市的乳山市、文登区、荣成区、环翠区等地，德州市的乐陵市、宁津县、临邑县等地，济南市的济阳县、商河县等地，日照市的五莲县、东港区、岚山区以及临沂市的莒南县、临沭县、河东区、兰山区等地，面积约占全省总面积的 32.2%。全生育期≥10 ℃活动积温在 3111.5～3142.9 ℃·d 范围内的区域分布在德州市的平原县、陵城区、德城区、禹城区、齐河县，济南市的章丘区、历城区、莱芜区、钢城区，青岛市的平度市、即墨区、胶州市、崂山区等地，潍坊市的高密市、昌邑市、奎文区、坊子区、昌乐县、安丘市等地，面积约占全省总面积的 26.7%。大豆全生育期≥10 ℃活动积温最高值区分布在德州市的夏津县，聊城市的临清市、高唐县、冠县、茌平县等地，潍坊市的临朐县、青州市等地，淄博市的淄川区、博山区、周村区等地，面积约占全省总面积的 7.4%。

（二）种子萌发至出苗期平均气温空间分布

大豆生长受温度影响较大，发芽的最适温度为 24～26 ℃，在这种温度下，大豆发芽率最高，发芽势较强。这时因大豆发芽的一系列生理活动旺盛，下胚轴伸长速度快，子叶出土快。因此，本书在计算气候适宜性指数时，该因子进行极大值标准化。大豆种子萌发至出苗期平均气温空间分布如图 4.3 所示。

可以看出，山东省大豆种子萌发至出苗期平均气温整体表现为自西向东逐渐降低，其中，半岛地区种子萌发至出苗期平均气温最低，其他大部地区为高值区。具体为：种子萌发至出苗期气温全省平均值约为 25.2 ℃，高值区主要分布在菏泽市、济宁市、枣庄市、聊城市、德州市、滨州市、东营市、济南市、泰安市、淄博市等地，最高值为 26.9 ℃；低值区主要分布在半岛的威海市、烟台市、青岛市等地，最低值为 19.1 ℃。

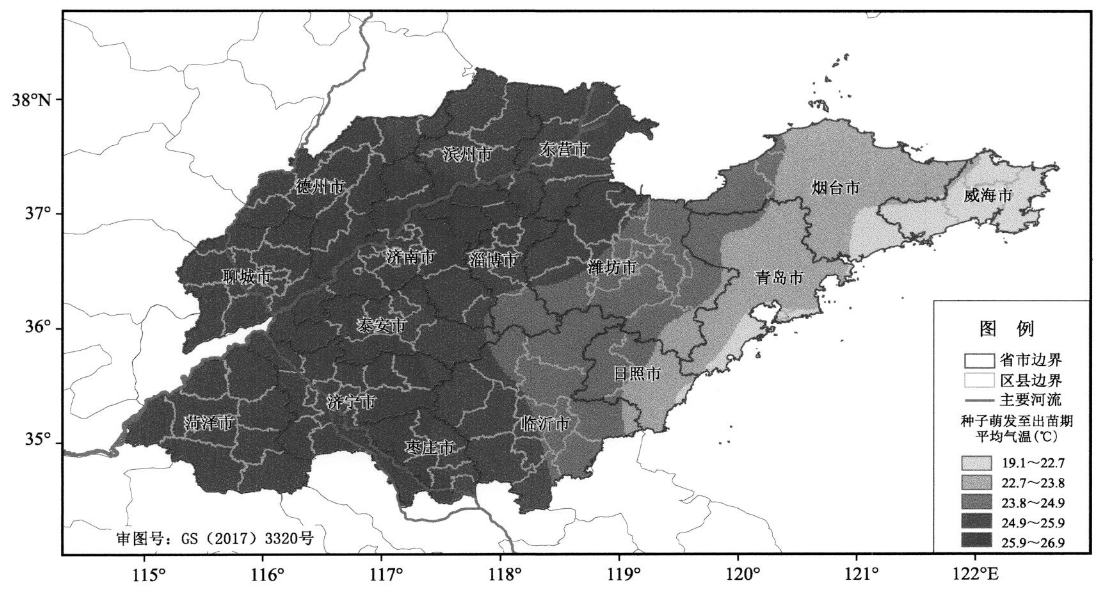

图 4.3　山东省大豆种子萌发至出苗期平均气温空间分布

将山东省大豆种子萌发至出苗期平均气温采用自然分级法分为 5 级，大豆种子萌发至出苗期平均气温最低值区主要分布在半岛地区的威海及烟台等地，面积约占全省总面积的 5.3%。在 22.7～23.8 ℃的区域主要分布在烟台市的栖霞市、莱阳市、莱西市、蓬莱区、龙口市、招远市等地，青岛市的莱西市、黄岛区、胶州市、崂山市等地，日照市的五莲县、东港区、岚山区等地，面积约占全省总面积的 14.3%。在 23.8～24.9 ℃的区域主要分布在烟台市的莱州市，潍坊市的昌邑市、坊子区、安丘市、昌乐县、临朐县等地，日照市的莒县，临沂市的沂水县、沂南县、莒南县、临沭县、河东区等地，面积约占全省总面积的 17.5%。在 24.9～25.9 ℃的区域主要分布在东营市的河口区、垦利区、东营区、利津县等地，滨州市的沾化区、阳信县等地，潍坊市的寿光市和青州市，济南市的莱芜区、钢城区，泰安市的新泰市，临沂市的费县、平邑县、兰陵县、郯城县等地，面积约占全省总面积的 23.7%。大豆种子萌发和出苗期平均气温最高值区分布的区域为菏泽市的曹县、单县、定陶县、牡丹区、巨野县等地，济宁市的金乡县、鱼台县、兖州区、汶上县、邹城市等地，聊城市的莘县、阳谷县、冠县、茌平县、临清市等地，德州市的夏津县、武城县、平原县、德城区、陵城区等地，济南市的历城区、长清区、章丘区等地，淄博市的张店区、周村区、桓台县、高青县等地，面积约占全省总面积的 39.2%。

（三）全生育期总降水量空间分布

大豆发芽时对水分要求很高，水分不足和过湿均对大豆出苗不利；另外，水分的多少对于大豆粒色、结荚习性、粒大小有密切关系。雨水越少，出现的黑粒和无限结荚习性就越多，粒也越小。因此，本书在计算气候适宜性指数时，对该因子进行适宜区间标准化，适宜区间范围为 420～585 mm。山东省大豆全生育期总降水量空间分布如图 4.4 所示。

可以看出，山东省大豆全生育期总降水量整体表现为自南向北逐渐减少，鲁南地区最多，半岛部分地区略少，鲁西北地区最少。大豆全生育期总降水量全省平均值约为 484.6 mm；高值区主要分布在枣庄市、济宁市、临沂市、日照市及半岛的威海市等地，最高值为 642.1 mm；

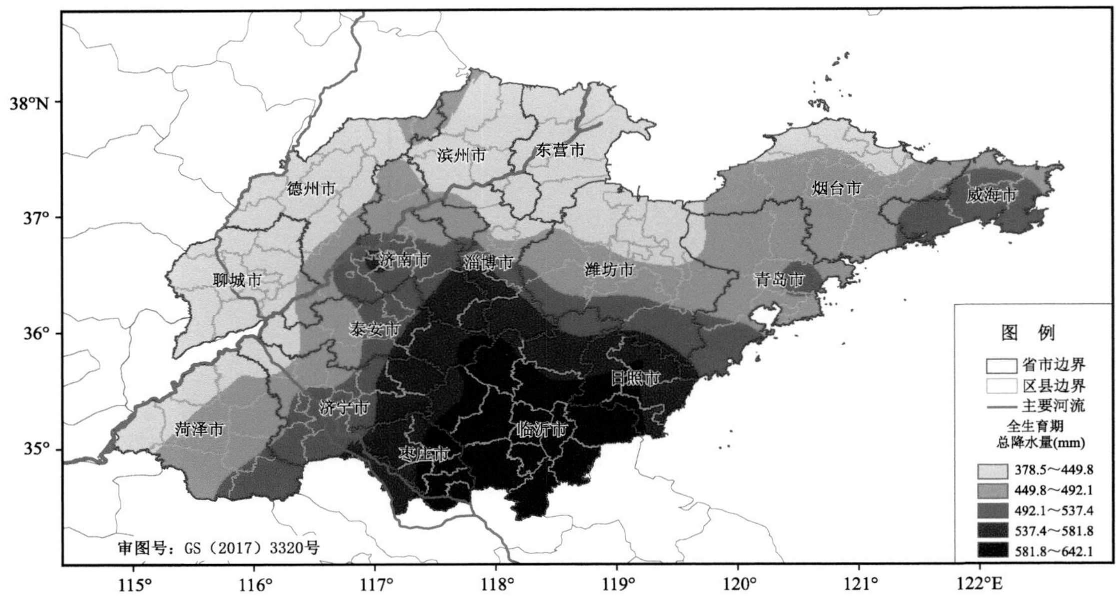

图 4.4　山东省大豆全生育期总降水量空间分布

低值区主要分布在聊城市、德州市、滨州市、东营市，淄博市、潍坊市等地，最低值为378.5 mm。

将山东省大豆全生育期总降水量采用自然分级法分为5级，大豆全生育期总降水量最少(378.5～449.8 mm)的区域为菏泽市的东明县、甄城县、郓城县等地，聊城市的阳谷县、莘县、茌平县、东阿县、冠县、高唐县、临清市等地，德州市的陵城区、宁津县、临邑县、平原县、夏津县、武城县、乐陵市、禹城市等地，滨州市的惠民县、阳信县、无棣县、沾化县、博兴县等地，东营市的垦利区、利津县、广饶县、东营区等地，潍坊市的寿光市、安丘市、寒亭区、昌邑市、坊子区、奎文区等地，面积约占全省总面积的30.6%。全生育期总降水量在449.8～492.1 mm范围内的区域在菏泽市的曹县、成武县、巨野县、定陶县等地，济宁市的汶上县、兖州区，泰安市的肥城市、宁阳县，济南市的商河县、济阳区，青岛市的平度市、莱西市、胶州市、崂山区，烟台市的莱阳市、莱州市、招远市、栖霞市、海阳市，潍坊市昌乐县、青州市、高密市等地，面积约占全省总面积的28.8%。全生育期总降水量在492.1～537.4 mm范围内的区域为菏泽市的单县，济宁市的鱼台县、任城区、金乡县等地，泰安市的岱岳区、泰山区等地，济南市的长清区、历城区等地，潍坊市的诸城市等地，威海市文登区、乳山市、荣成区等地，青岛市的黄岛区等地，面积约占全省总面积的17.0%。全生育期总降水量在537.4～581.8 mm范围内的区域为济宁市的微山县、泗水县等地，泰安市的新泰市，济南市莱芜区、钢城区等地，淄博市沂源县，日照市的莒县、五莲县、东港区等地，面积约占全省总面积的12.1%。全生育期总降水量最多(581.8～642.1 mm)的区域为临沂市的沂南县、郯城县、费县、莒南县、蒙阴县、临沭县以及枣庄市的台儿庄区、滕州市等地，面积约占全省总面积的11.5%。

(四)全生育期总日照时数空间分布

大豆是喜光作物，在大豆生长期内总日照时数会影响到大豆的生长。蓝紫光有利于营养物质的积累，因此日照时间越长，漫反射辐射量越大，对大豆种植越有利，因此，本书在计算气候适宜性指数时，对此因子进行极大值标准化。山东省大豆全生育期总日照时数空间分布如图 4.5 所示。

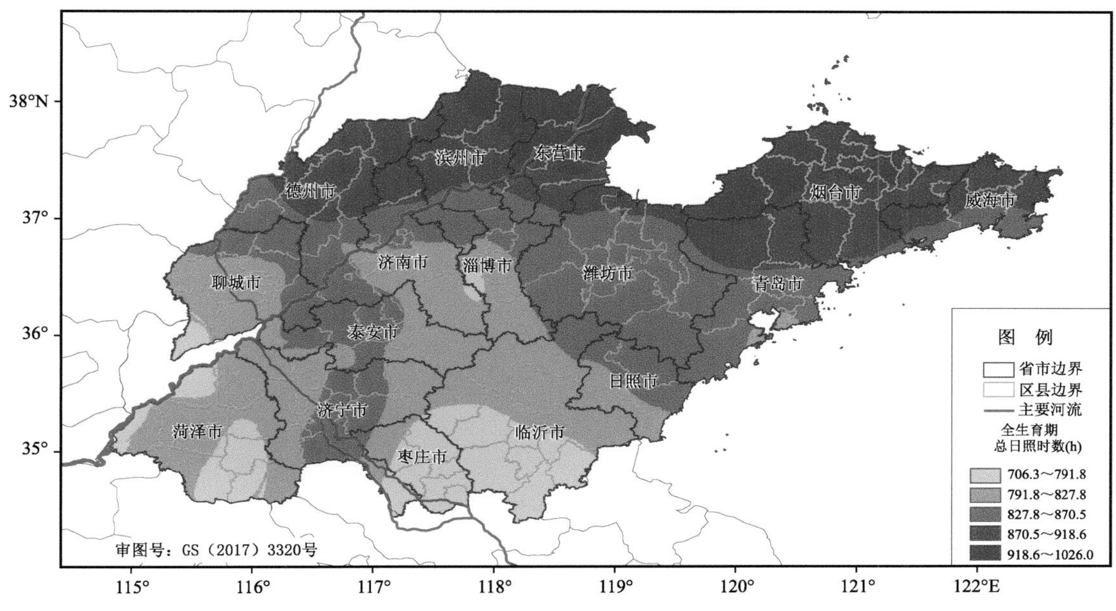

图 4.5　山东省大豆全生育期总日照时数空间分布

可以看出，山东省大豆全生育期总日照时数整体上表现出由北向南逐渐降低的趋势，鲁西北地区及半岛地区总日照时数最多，鲁南地区总日照时数最少。大豆全生育期总日照时数全省平均值约为 865.1 h；高值区主要分布在东营市，滨州市，烟台市，青岛市，威海市等地，最高值为 1026.0 h；低值区主要分布在枣庄市，临沂市，菏泽市，聊城市等地，最低值为 706.3 h。

将山东省大豆全生育期总日照时数采用自然分级法分为 5 级，大豆全生育期总日照时数最少的区域分布在枣庄市台儿庄区和山亭区，临沂市郯城区、费县、临沭县、兰陵县、罗庄区等地，菏泽市曹县和成武县等地，面积约占全省总面积的 10.8%。总日照时数在 791.8～827.8 h 范围内的区域主要分布在济南市莱芜区、钢城区、章丘区等地，临沂市沂南县、蒙阴县、莒南县等地，淄博市淄川、周村、沂源等地，日照市莒县及岚山区等地，济宁市汶上县、梁山县、嘉祥县等地，聊城市阳谷县、冠县等地，菏泽市牡丹区、郓城县等地，面积约占全省总面积的 27.8%。大豆全生育期总日照时数在 827.8～870.5 h 范围内的区域主要分布在德州市夏津县、武城县、禹城市、齐河县等地，聊城市的高唐县、临清市等地，泰安市的肥城市、岱岳区、泰山区等地，潍坊市寿光市、青州市、临朐县、安丘市、昌乐县等地，日照市五莲县、东港区等地，青岛市胶州市、即墨区、黄岛区、崂山区等地，面积约占全省总面积的 32.4%。总日照时数在 870.5～918.6 h 范围内的区域主要分布在滨州市的惠民县、滨城区、阳信县等地，德州市临邑县、陵城区、乐陵市、宁津县、庆云县等地，青岛市的莱西市、平度市、莱阳市、海阳市等地，威海市荣成市、环翠区等地，面积约占全省总面积的 19.4%。大豆全生育期总日照时数最多的区域主要分布在东营市的河口区、垦利区、利津县、东营区等地，烟台市的招远市、龙口市、蓬莱区、莱州市等地，面积约占全省总面积的 9.6%。

(五)开花结荚期至鼓粒期平均气温在 15～28 ℃日数空间分布

大豆是喜温作物,其生长受温度影响较大。大豆开花结荚期,最适温度为 15～28 ℃。不同程度的低温,对大豆开花结实的影响程度也不同。经试验,如把第一片叶子展开的大豆放在白天温度为 15 ℃、夜间温度为 10 ℃的环境中,连续处理 2 个月大豆未开花。这个时期如果遇到 15 ℃左右低温,致使雄蕊发育受害,影响受精。当温度处于 15～28 ℃时,生长迅速,根、茎、叶增长量都较大,大豆植株净同化率和干物质积累量也随之增高。因此,本书在计算气候适宜性指数时,对该因子进行极大值标准化。山东省大豆开花结荚期和鼓粒期温度在 15～28 ℃日数空间分布如图 4.6 所示。

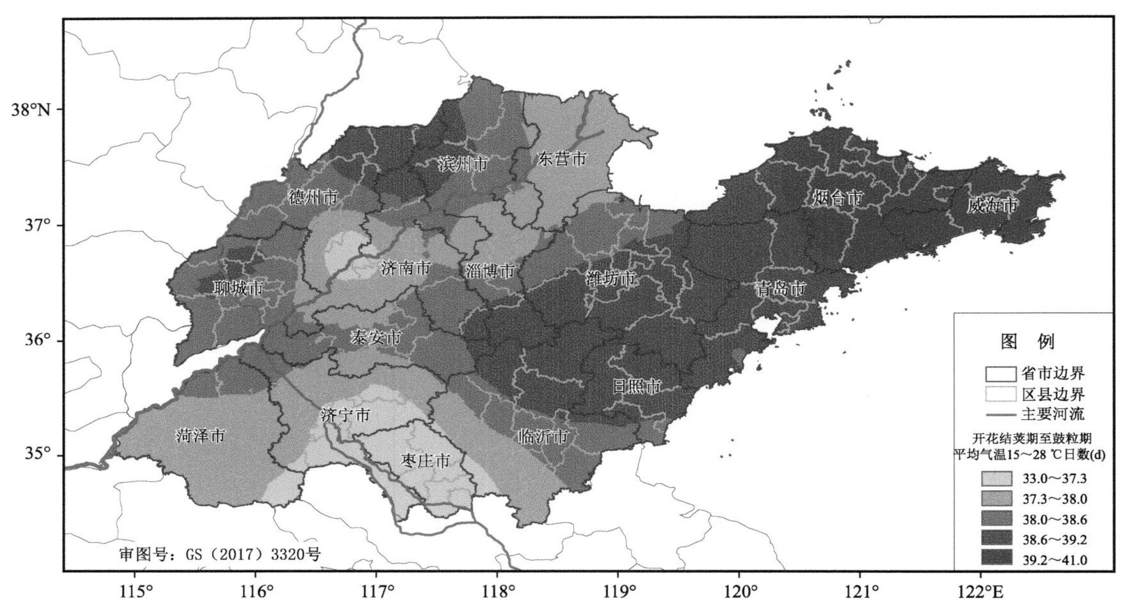

图 4.6 山东省大豆开花结荚期至鼓粒期平均气温 15～28 ℃日数

可以看出,山东省大豆开花结荚期至鼓粒期平均气温在 15～28 ℃日数空间分布不均匀,半岛地区最多,鲁中及鲁西北地区略低,鲁西南及鲁西北的部分地区最少。具体表现为:大豆开花结荚期至鼓粒期平均气温 15～28℃日数全省平均值约为 38.3 d;高值区主要分布在潍坊市,烟台市、威海市,聊城市,德州市,滨州市等地,最高值为 41.0 d;低值区主要分布在菏泽市,济宁市,枣庄市以及东营市等地,最低值为 33.0 d。

将山东省大豆开花结荚期和鼓粒期平均气温在 15～28 ℃日数采用自然分级法分为 5 级,大豆开花结荚期至鼓粒期平均气温在 15～28 ℃日数最少的区域分布在枣庄市的滕州市、台儿庄区、山亭区、滕州市等地,济宁市的微山县、邹城市、鱼台县、薛城区等地,德州市齐河县等地,面积约占全省总面积的 8.0%。大豆开花结荚期和鼓粒期平均气温在 15～28 ℃日数在 37.3～38.0 d 范围内的区域分布在菏泽市曹县、单县、成武县、巨野县、定陶县、东明县等地,临沂市郯城县、平邑县、费县、兰陵县等地,济宁市汶上县、兖州区、嘉祥县等地,东营市河口区、垦利区、利津县、东营区等地,淄博市桓台区、张店区、临淄区等地,面积约占全省总面积的 25.5%。大豆开花结荚期至鼓粒期平均气温 15～28 ℃日数在 38.0～38.6 d 范围内的区域分布在滨州市沾化区、滨城区、无棣县等地，德州市平原县、陵城区、武城县、夏津县等地，聊城市高唐县、莘县、阳谷县、茌平县等地，临沂市临沭县、河东区、兰山区等地，潍坊市寿光市、青州市等地，泰安市岱岳区、新泰市、泰山区等地，面积约占全省总面积的 26.4%。大豆开花结荚期至鼓粒期平均气温 15～28 ℃日数在 38.6～39.2 d 范围内的区域分布在临沂市的沂水县、沂南县、蒙阴县等地，日照市莒县、五莲县、东港区等地，青岛市的胶州市、即墨区、平度市、崂山区、莱西市等地，潍坊市的坊子区、安丘市、高密市、诸城市、昌乐县等地，德州市的宁津县、乐陵县、庆云县等地，滨州市的阳信县等地，面积约占全省总面积的 29.3%。大豆开花结荚期至鼓粒期平均气温 15～28 ℃日数最多的区域分布在烟台市的栖霞市、海阳市、莱阳市、蓬莱区以及威海市的文登区、荣成市、乳山区、环翠区等地，面积约占全省总面积的 10.8%。

二、大豆气候适宜性区划

将影响大豆生长发育的关键气候因子进行累加，其表达式为：

$$Y_{气候} = \sum_{i=1}^{5} \lambda_i X_i \qquad (i = 1,2,\cdots,5) \tag{4.1}$$

式中，$Y_{气候}$表示大豆气候适宜性指数，X_i为气候因子，λ_i为权重。将气候因子标准化后乘以对应权重，进行空间叠加得到最终气候适宜性区划结果。采用自然分级法进行分级，得到大豆气候适宜性区划结果如图 4.7 所示。

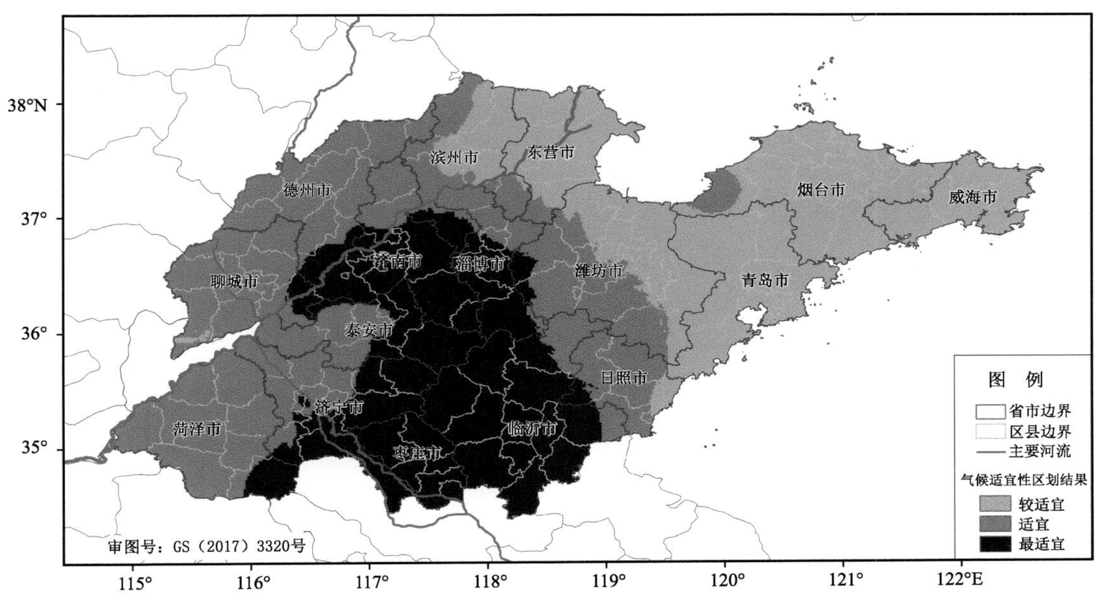

图 4.7　山东省大豆气候适宜性区划结果空间分布

山东省大豆气候适宜性区划结果显示，大豆气候适宜性总体呈现由西向东逐渐降低的趋势。最适宜区主要分布在枣庄市和临沂市，济南市、淄博市大部，以及泰安市、济宁市和菏泽市部分地区，面积约占全省总面积的 29.4%；适宜区主要分布在菏泽市、聊城市和德州市，济宁市、泰安市、潍坊市和日照市大部，以及滨州市、东营市部分地区，面积约占全省总面积的 39.2%；较适宜区主要分布在烟台市、威海市和青岛市，以及滨州市、东营市和潍坊市部分地区，面积占比约为 31.4%。

第三节　综合区划

将气候适宜性区划结果、地形适宜性区划结果和土壤适宜性区划结果标准化后进行空间叠加，得到大豆精细化农业气候资源区划综合结果，其计算公式为：

$$Y=\lambda_1 Y_{气候}+\lambda_2 Y_{地形}+\lambda_3 Y_{土壤} \tag{4.2}$$

式中，Y 为农业气候资源综合指数，$\lambda_1=0.70$，$\lambda_2=0.15$，$\lambda_3=0.15$。采用自然分级法进行分级，得到山东省大豆精细化农业气候资源区划结果见图 4.8 所示。

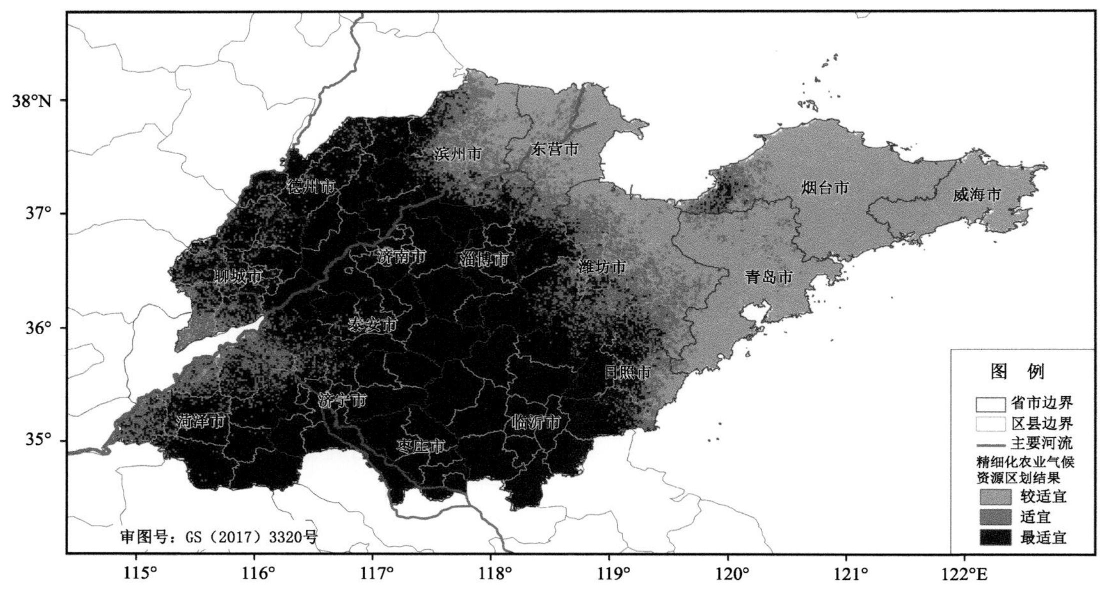

图 4.8　山东省大豆精细化农业气候资源区划结果空间分布

综合气候、地形、土壤三大因子，可以看出，山东大豆种植区适宜性较好，大部分区域均为最适宜和适宜。区划结果整体呈现出西部高东部低特点。最适宜区主要分布在济宁市、枣庄市、临沂市、泰安市、菏泽市、淄博市、济南市、德州市和聊城市大部；适宜区主要分布在潍坊市、滨州市、东营市等地；较适宜区主要分布在烟台市、威海市、青岛市大部，以及潍坊市和东营市等地部分地区。最适宜、适宜、较适宜分别占全省面积比为 55.9%、15.8%、28.3%。

为了使区划更加精确，在考虑气候、地形、土壤三大因子区划的基础上，进一步考虑山东省的土地利用类型，将水域、城乡、工矿、居民用地等土地利用类型区域剔除，得到山东省大豆精细化农业气候资源综合区划（图 4.9）。

由图 4.9 可以看出，最适宜区主要分布在济宁市、枣庄市、临沂市、泰安市、菏泽市、淄博市、济南市、德州市和聊城市大部，面积约占全省总面积的 41.4%；适宜区主要分布在潍坊市、滨州市等地，面积约占全省总面积的 13.0%；较适宜区主要分布在烟台市、威海市、青岛市和东营市等地，面积约占全省总面积的 22.1%。

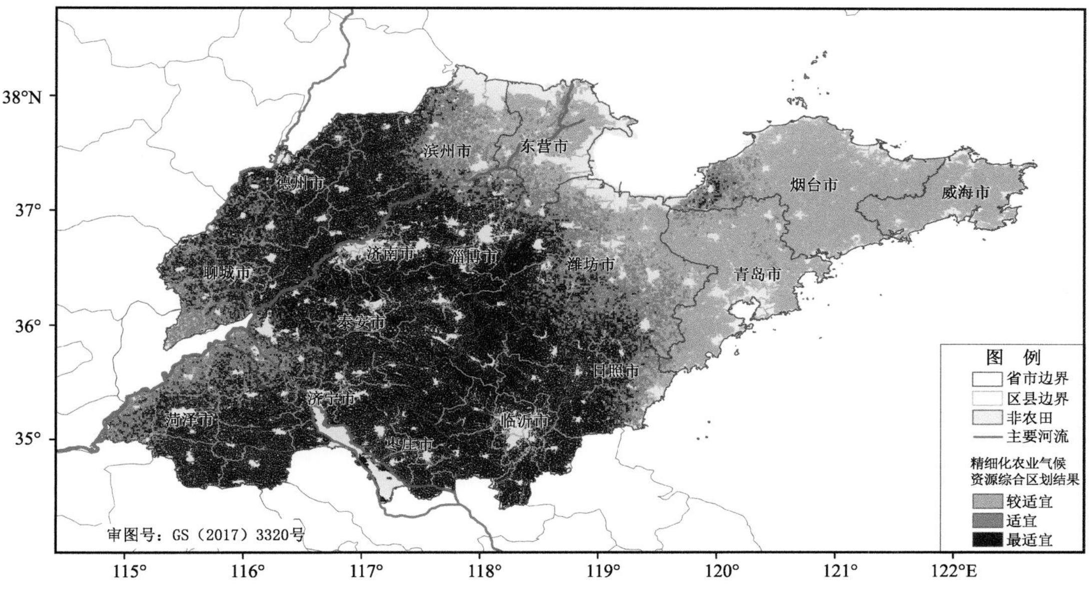

图 4.9　山东省大豆精细化农业气候资源综合区划结果空间分布

第五章　棉花精细化农业气候资源区划

第一节　区划因子选择与权重

一、区划因子选择

棉花是山东省的主要经济作物之一，在全省作物生产中具有举足轻重的地位。山东省棉花一般于 4 月中下旬播种，9 月下旬至 10 月收获，整个发育阶段主要分为播种期、苗期、现蕾期、开花期、花铃期和裂铃吐絮期、停止生长期。

棉花是直根，有较发达的根系，具有一定抗旱能力，对水分变化十分敏感。棉花不同生育期对水分的要求不同。棉花的品质既受遗传特性的控制，也受土壤质地、气候条件、栽培措施、耕作制度等环境条件的影响。在影响棉花品质的诸多环境因素中，气候条件是主导因素，对棉花的品质影响更为明显。同一棉花品种在不同地区种植表现出的品质间的差异，在很大程度上主要受气候条件变化的影响。

充分考虑山东省的棉花生产和农业气象条件，提出山东省棉花精细化农业气候区划指标。选取全生育期≥10 ℃活动积温、最低温度<0 ℃终日、稳定通过 15 ℃初日、现蕾到停止生长期气温日较差、现蕾到裂铃期总降水量、开花到裂铃期日平均气温<16 ℃的日数、现蕾到开花期总降水量、全生育期总日照时数、花铃期到停止生长期寡照日数 9 个气候要素作为棉花精细化农业气候区划的因子。选取海拔高度、坡度、坡向 3 个地形要素作为棉花农业地形区划因子，选取土壤质地、土壤类型和土壤腐殖质厚度 3 个土壤要素作为棉花农业土壤区划因子。

二、因子权重

以气候因子区划为例，采用层次分析法（AHP）赋予不同因子权重，计算过程如下。

第一步：构建判断矩阵。

根据棉花生育期各气候因子对棉花生长的影响，分别将棉花全生育期≥10 ℃活动积温、最低气温<0 ℃终日、稳定通过 15 ℃初日、现蕾到停止生长期气温日较差、现蕾到裂铃期总降水量、开花到裂铃期日平均气温<16 ℃的日数、现蕾到开花期总降水量、全生育期总日照时数、花铃期到停止生长期寡照日数赋值1～5，构成判别矩阵：

	Ⅰ	Ⅱ	Ⅲ	Ⅳ	Ⅴ	Ⅵ	Ⅶ	Ⅷ	Ⅸ
Ⅰ	1	2	2	3	4	4	5	5	5
Ⅱ	1/2	1	1	2	2	2	3	3	3
Ⅲ	1/2	1	1	2	2	2	3	3	3
Ⅳ	1/3	1/2	1/2	1	2	2	2	2	2
Ⅴ	1/4	1/2	1/2	1/2	1	2	2	2	2
Ⅵ	1/4	1/2	1/2	1/2	1/2	1	1	1	1
Ⅶ	1/5	1/3	1/3	1/2	1/2	1	1	1	1
Ⅷ	1/5	1/3	1/3	1/2	1/2	1	1	1	1
Ⅸ	1/5	1/3	1/3	1/2	1/2	1	1	1	1

注：矩阵中，Ⅰ. 全生育期≥10 ℃活动积温，Ⅱ. 最低气温<0 ℃终日，Ⅲ. 稳定通过 15 ℃初日，Ⅳ. 现蕾到停止生长期气温日较差，Ⅴ. 现蕾到裂铃期总降水量，Ⅵ. 开花到裂铃期日平均气温<16 ℃的日数，Ⅶ. 现蕾到开花期总降水量，Ⅷ. 全生育期总日照时数，Ⅸ. 花铃期到停止生长期寡照日数。

第二步：根据和积法，将判断矩阵归一化。过程为将每一列中的每一个数除以这一列的总和，得到标准化矩阵：

	Ⅰ	Ⅱ	Ⅲ	Ⅳ	Ⅴ	Ⅵ	Ⅶ	Ⅷ	Ⅸ
Ⅰ	0.291	0.308	0.308	0.286	0.308	0.250	0.263	0.263	0.263
Ⅱ	0.146	0.154	0.154	0.190	0.154	0.125	0.158	0.158	0.158
Ⅲ	0.146	0.154	0.154	0.190	0.154	0.125	0.158	0.158	0.158
Ⅳ	0.097	0.077	0.077	0.095	0.154	0.125	0.105	0.105	0.105
Ⅴ	0.073	0.077	0.077	0.048	0.077	0.125	0.105	0.105	0.105
Ⅵ	0.073	0.077	0.077	0.048	0.038	0.063	0.053	0.053	0.053
Ⅶ	0.058	0.051	0.051	0.048	0.038	0.063	0.053	0.053	0.053
Ⅷ	0.058	0.051	0.051	0.048	0.038	0.063	0.053	0.053	0.053
Ⅸ	0.058	0.051	0.051	0.048	0.038	0.063	0.053	0.053	0.053

第三步：计算各因子权重。将新矩阵求和列数据加和，数值为 9，将求和列中每个数除以 9，即得到各因子的权重。如全生育期≥10 ℃活动积温，其权重为 0.282，其他各因子权重如矩阵：

	Ⅰ	Ⅱ	Ⅲ	Ⅳ	Ⅴ	Ⅵ	Ⅶ	Ⅷ	Ⅸ	求和	权重
Ⅰ	0.291	0.308	0.308	0.286	0.308	0.250	0.263	0.263	0.263	2.540	0.282
Ⅱ	0.146	0.154	0.154	0.190	0.154	0.125	0.158	0.158	0.158	1.396	0.155
Ⅲ	0.146	0.154	0.154	0.190	0.154	0.125	0.158	0.158	0.158	1.396	0.155
Ⅳ	0.097	0.077	0.077	0.095	0.154	0.125	0.105	0.105	0.105	0.941	0.105
Ⅴ	0.073	0.077	0.077	0.048	0.077	0.125	0.105	0.105	0.105	0.792	0.088
Ⅵ	0.073	0.077	0.077	0.048	0.038	0.063	0.053	0.053	0.053	0.533	0.059
Ⅶ	0.058	0.051	0.051	0.048	0.038	0.063	0.053	0.053	0.053	0.467	0.052
Ⅷ	0.058	0.051	0.051	0.048	0.038	0.063	0.053	0.053	0.053	0.467	0.052
Ⅸ	0.058	0.051	0.051	0.048	0.038	0.063	0.053	0.053	0.053	0.467	0.052

第四步：进行矩阵一致性检验。

将判断矩阵每一行与对应因子的权重相乘后求和，求出各气候因子的 AW 值矩阵如下。基于公式(1.8)，计算最大特征根 $\lambda_{max}=9.115$；基于公式(1.9)，计算一致性指标 CI＝0.014。查找平均随机一致性指标表 1.2 对应的 RI＝1.45，基于公式 CR＝CI/RI，CR＝0.010＜0.10，通过检验。因此，确定为全生育期≥10 ℃活动积温、最低气温＜0 ℃终日、稳定通过 15 ℃初日、现蕾到停止生长期气温日较差、现蕾到裂铃期总降水量、开花到裂铃期日平均气温＜16 ℃的日数、现蕾到开花期总降水量、全生育期总日照时数、花铃期到停止生长期寡照日数 9 个因子的权重分别为 0.282、0.155、0.155、0.105、0.088、0.059、0.052、0.052、0.052。

	Ⅰ	Ⅱ	Ⅲ	Ⅳ	Ⅴ	Ⅵ	Ⅶ	Ⅷ	Ⅸ	权重	AW
Ⅰ	1	2	2	3	4	4	5	5	5	0.282	2.384
Ⅱ	1/2	1	1	2	2	2	3	3	3	0.155	1.422
Ⅲ	1/2	1	1	2	2	2	3	3	3	0.155	1.422
Ⅳ	1/3	1/2	1/2	1	2	2	2	2	2	0.105	0.960
Ⅴ	1/4	1/2	1/2	1/2	1	2	2	2	2	0.088	0.800
Ⅵ	1/4	1/2	1/2	1/2	1/2	1	1	1	1	0.059	0.537
Ⅶ	1/5	1/3	1/3	1/2	1/2	1	1	1	1	0.052	0.471
Ⅷ	1/5	1/3	1/3	1/2	1/2	1	1	1	1	0.052	0.471
Ⅸ	1/5	1/3	1/3	1/2	1/2	1	1	1	1	0.052	0.471

最后，棉花精细化农业气候资源区划因子的权重如下。

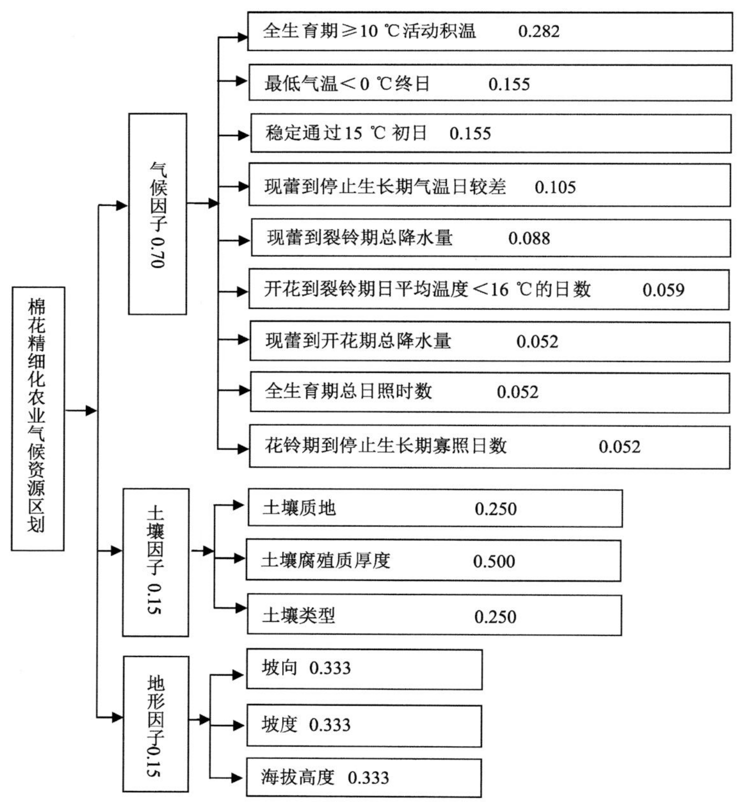

图 5.1 山东省棉花精细化农业气候资源区划因子及权重

第二节　气候因子

一、棉花气候适宜性区划因子空间分布

（一）全生育期≥10 ℃活动积温空间分布

生育期积温对棉花有很大的影响，棉花是喜热作物，活动积温越大生长期越长，越利于棉花的种植，棉花有无限生长的习性，生长期间热量条件适宜，生长期可以延长，产量也相应增加反之，积温不足，产量下降。有研究表明积温与棉单株产量、棉铃粗纤维含量呈显著正相关，因此，全生育期≥10 ℃活动积温越多，对棉花生产发育越有利，本书在计算气候适宜性指数时，对此因子进行极大值标准化。山东省棉花全生育期≥10 ℃活动积温空间分布如图 5.2 所示。

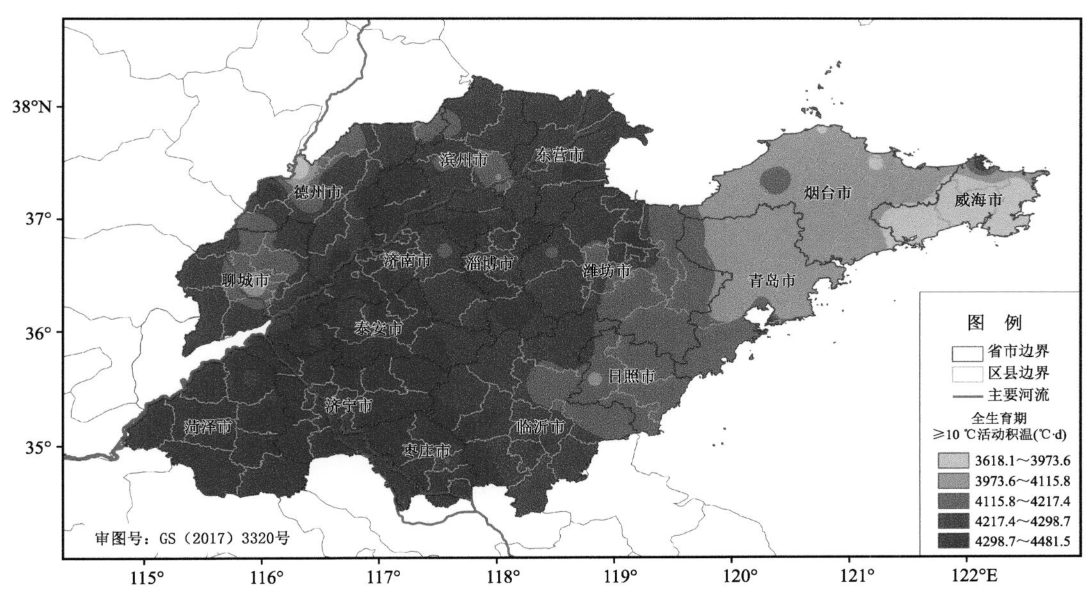

图 5.2　山东省棉花全生育期≥10 ℃活动积温空间分布

可以看出，山东省棉花全生育期≥10 ℃活动积温自西向东逐渐降低，鲁西北、鲁中和鲁南地区全生育期≥10 ℃活动积温较高，半岛棉花全生育期≥10 ℃活动积温较低。棉花全生育期≥10 ℃活动积温全省平均值约为 4231.3 ℃·d；高值区主要分布在菏泽市、济宁市、枣庄市、临沂市、日照市、聊城市、德州市、滨州市、东营市、淄博市、潍坊市、济南市、泰安市等地，最高值为 4481.5 ℃·d；低值区主要分布在半岛的威海市以及烟台市，最低值为 3618.1 ℃·d。

将山东省棉花全生育期≥10 ℃活动积温采用自然分级法分为 5 级，棉花全生育期≥10 ℃活动积温最低值区分布在威海市的文登区、荣成市、乳山区等地，面积约占全省总面积的 3.5%。棉花全生育期≥10 ℃活动积温在 3973.6～4115.8 ℃·d 范围内的区域分布在青岛市即墨市、平度市、莱西市、莱州市等地，烟台市栖霞市、莱阳市、海阳市、蓬莱区、招远市等地，

面积约占全省总面积的 14.0%。棉花全生育期≥10 ℃活动积温在 4115.8~4217.4 ℃·d 范围内的区域分布在青岛市的黄岛区，潍坊市昌邑市、安丘市、诸城市等地，日照市莒县、五莲县、岚山区等地，临沂市沂南县、莒南县等地，聊城市茌平县以及夏津县等地均有分布，面积约占全省总面积的 17.1%。棉花全生育期≥10 ℃活动积温在 4217.4~4298.7 ℃·d 范围内的区域分布在滨州市惠民县、阳信县、无棣县、沾化县、博兴县等地，德州市陵城区、宁津县、庆云县、齐河县、乐陵市、禹城市等地，聊城市阳谷县、莘县、冠县、高唐县等地，潍坊市寿光市、青州市、临朐县、昌乐县、寒亭区、潍城区、奎文区等地，临沂市郯城县、临沭县、罗庄区、兰山区、蒙阴县、平邑县、沂水县等地，济南市莱芜区、钢城区等地，面积约占全省总面积的 36.0%。棉花全生育期≥10 ℃活动积温最高值区分布在菏泽市曹县、单县、成武县、巨野县、郓城县、鄄城县、定陶区、东明县等地，济宁市微山县、鱼台县、金乡县、嘉祥县、泗水县、曲阜市、兖州市、邹城市等地，泰安市泰山区、岱岳区、宁阳县等地，面积约占全省总面积的 29.4%。

（二）最低气温<0 ℃的终日空间分布

棉花为喜热作物，只有种子达到一定温度才能开始生长，棉花在生长初期和末期常因霜冻危害造成死亡，最低气温<0 ℃终日越早结束越有利于棉花的生长。因此，本书在计算气候适宜性指数时，对此因子进行极小值标准化。山东省最低气温<0 ℃终日分布如图 5.3 所示。

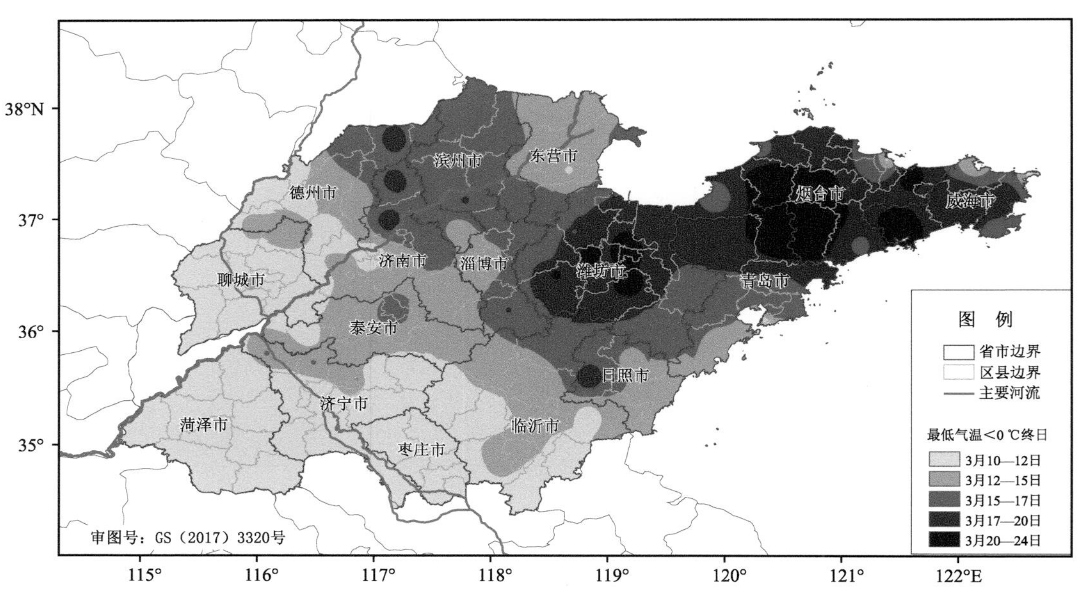

图 5.3　山东省最低气温<0 ℃终日空间分布

可以看出，山东省最低温度<0 ℃终日整体上呈现自东向西逐渐偏早的趋势，半岛地区最低温度<0 ℃终日结束得相对较晚，鲁西北及鲁南部分地区最低温度<0 ℃终日结束得相对较早。具体为：最低温度<0 ℃终日结束较晚的地区主要分布威海市、烟台市、青岛市、潍坊市等地，最晚为 3 月 24 日；结束较早的地区主要分布在菏泽市、济宁市、枣庄市、临沂市、日照市，聊城市等地，最早出现在 3 月 10 日。

将山东省最低气温<0 ℃的终日采用自然分级法分为 5 级，最低气温<0 ℃的终日最早(3 月 10—12 日)的区域分布在菏泽市的曹县、单县、成武县、巨野县、郓城县、鄄城县、定陶县、东

明县等地，济宁市的鱼台县、金乡县、邹城市、任城区、泗水县、嘉祥县等地，枣庄市台儿庄区、滕州市、山亭区等地，临沂市费县、平邑县、郯城县、临沭县等地，聊城市莘县、阳谷县、冠县、临清市、茌平县、东阿县等地，德州市武城县、德城区以及平原县等地均有分布，面积约占全省总面积的29.8%。最低气温<0 ℃的终日在3月12—15日范围内的区域分布在临沂市的蒙阴县、沂南县、兰山区、罗庄区等地，泰安市的肥城市、岱岳区、新泰市等地，济南市长清区、历城区等地，济宁市梁山县、汶上县、兖州区等地，德州市夏津县、陵城区、临邑县等地，东营市河口区、垦利区、东营区、利津县等地，日照市五莲县、东港区、岚山区等地，面积约占全省总面积的24.6%。最低气温<0 ℃的终日在3月15—17日范围内的区域分布在滨州市的惠民县、阳信县、无棣县、沾化县、博兴县等地，青岛市的胶州市、崂山区等地，潍坊市的诸城市、高密市等地，面积约占全省总面积的23.9%。最低气温<0 ℃的终日在3月17—20日范围内的区域分布在潍坊市的寿光市、安丘市、坊子区、奎文区、昌邑市、昌乐县、临朐县等地，青岛市的即墨区北部、平度市均有分布，烟台市的蓬莱区、龙口市、海阳市等地，威海市文登区、荣成市等地，面积约占全省总面积的15.7%。最低气温<0 ℃的终日结束最晚的区域主要分布在威海市的乳山市，烟台市的栖霞市、莱阳市、招远市大部分地区，面积约占全省总面积的6.0%。

（三）稳定通过15 ℃初日空间分布

稳定通过15 ℃初日主要体现在对棉花播期的影响。下胚轴伸长形成子叶膝顶土出苗的温度为15 ℃以上，理论上只有温度达到下胚轴伸长需要的温度时棉花才可能出苗，所以稳定通过15 ℃的日期可作为露地直播棉花的最早播种日期。播种期越早越利于积温的积累和棉花的生长，因此，本书在计算气候适宜性指数时，对此因子进行极小值标准化。山东省稳定通过15 ℃的初日空间分布如图5.4所示。

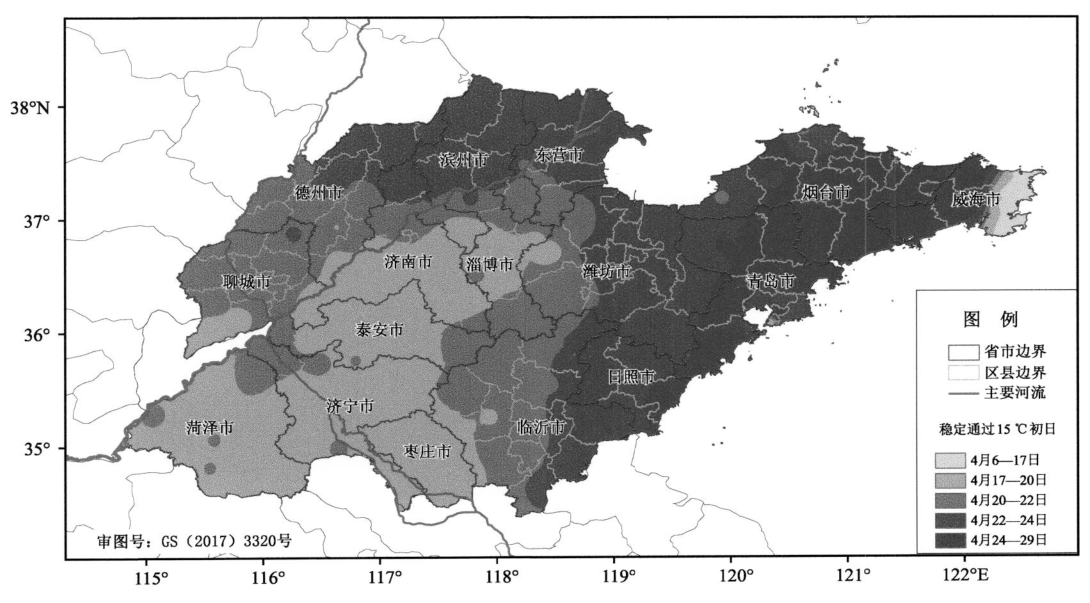

图5.4　山东省稳定通过15 ℃初日空间分布

可以看出，山东省稳定通过15 ℃初日整体上自东北向西南逐渐提前，半岛部分地区稳定通过15 ℃初日相对较晚，最晚为4月29日；鲁中和鲁南部分地区及半岛地区的荣成市稳定通过 15 ℃初日相对较早，最早为 4 月 6 日。

将山东省稳定通过 15 ℃初日采用自然分级方法分为 5 级，山东省稳定通过 15 ℃初日结束最早的区域在威海市的荣成市，面积约占全省总面积的 0.8%。稳定通过 15 ℃初日在 4 月 17—20 日的区域分布在菏泽市曹县、单县、成武县、巨野县、鄄城县、定陶区、东明县等地，济宁市微山县、鱼台县、金乡县、嘉祥县、泗水县、曲阜市、兖州市、邹城市等地，泰安市肥城市、岱岳区、泰山区宁阳县等地，济南市莱芜区、章丘区、长清区、历城区等地，淄博市淄川区、博山区、张店区等地，面积约占全省总面积的 29.0%。稳定通过 15 ℃初日在 4 月 20—22 日的区域分布在聊城市茌平县、冠县、高唐县、临清市等地，德州市临邑县、平原县、夏津县、武城县、乐陵市、禹城市等地，潍坊市临朐县，东营市广饶县，临沂市蒙阴县、平邑县、兰山区、罗庄区、兰陵县等地，面积约占全省总面积的 25.4%。稳定通过 15 ℃初日在 4 月 22—24 日的区域分布在营市垦利区利津县、广饶县、河口区等地，滨州市惠民县、阳信县、无棣县、沾化县等地，德州市宁津县、陵城区、乐陵市等地，潍坊市潍城区、昌乐县、坊子区、奎文区、寒亭区、昌邑市、安丘市、诸城市、高密市等地，日照市的莒县、五莲县等地，临沂市莒南县、临沭县、河东区、郯城区等地，面积约占全省总面积的 30.0%。稳定通过 15 ℃初日最晚的区域分布在烟台市龙口市、莱阳市、莱州市、招远市、栖霞市、海阳市，青岛市胶州市、即墨市、平度市、莱西市等地，日照市东港区东部等，面积约占全省总面积的 14.8%。

（四）现蕾到停止生长期气温日较差空间分布

温度日较差对棉花产量的影响主要表现在蕾期，其生理作用是日较差的大小直接影响到棉花果枝增加的快慢和花芽分化的好坏。据统计，蕾期气温日较差与产量呈正相关。现蕾到停止生长期气温日较差大对促进棉花早熟有利，因此，本书在计算气候适宜性指数时，对此因子进行极大值标准化。棉花现蕾到停止生长期气温日较差空间分布如图 5.5 所示。

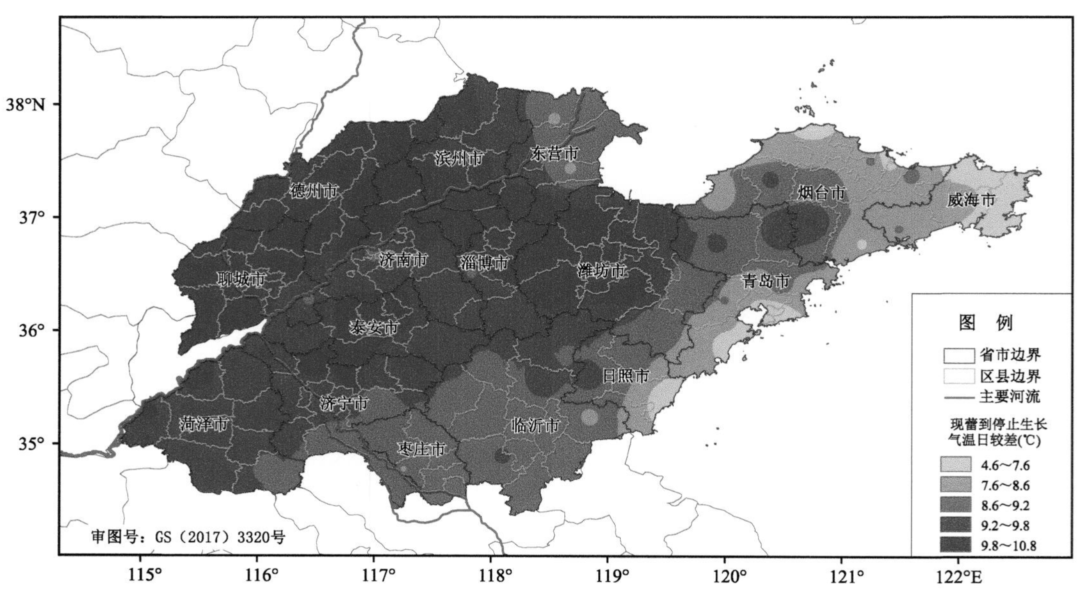

图 5.5 山东省棉花现蕾到停止生长期气温日较差空间分布

可以看出，山东省棉花现蕾到停止生长气温日较差整体上呈现自西向东逐渐降低的空间分布特征，具体为：棉花现蕾至停止生长气温日较差全省平均值约为 9.3 ℃；高值区主要分布在菏泽市、济宁市、枣庄市、临沂市、日照市、聊城市、德州市、滨州市、东营市、淄博市、潍坊市、济南市、泰安市等地，最高值为 10.8 ℃；低值区仅分布在威海市、烟台市、青岛市以及日照市等地，最低值最低值为 4.6 ℃。

将山东省棉花现蕾到停止生长期气温日较差采用自然分级法分为 5 级，棉花现蕾到停止生长期气温日较差最低值区主要分布在威海市的荣成市及环翠区，青岛市黄岛区及崂山市部分地区，面积约占全省总面积的 3.4%。棉花现蕾到停止生长期气温日较差在 7.6～8.6 ℃范围内的区域主要分布在威海市乳山市、文登区等地，烟台市海阳市、蓬莱区等地，青岛市胶州市及黄岛市部分地区，面积约占全省总面积的 10.3%。棉花现蕾至停止生长期气温日较差在 8.6～9.2 ℃范围内的区域主要分布在临沂市郯城县、费县、平邑县、莒南县、蒙阴县、临沭县等地，枣庄市台儿庄区、微山县、山亭区、滕州市等地，济宁市鱼台县、邹城市等地，青岛市平度市，潍坊市诸城市、高密市等地，面积约占全省总面积的 26.9%。棉花现蕾至停止生长期气温日较差在 9.2～9.8 ℃范围内的区域主要分布在菏泽市的曹县、成武县、巨野县、郓城县、鄄城县、定陶区、东明县等地，济宁市的东平县、梁山县、任城区、嘉祥县、金乡县、兖州区等地，东营市沾化区、利津县，济南市的莱芜区、钢城区等地，淄博市的沂源县、博山区等地，临沂市的沂水县、沂南县等地，潍坊市昌邑市，面积约占全省总面积的 30.3%。棉花现蕾至停止生长期气温日较差最高值区主要分布在聊城市的阳谷县、莘县、茌平县、冠县、高唐县、临清市等地，德州市的陵城区、宁津县、庆云县、临邑县、齐河县、平原县、夏津县、武城县、乐陵市、禹城市等地，滨州市的惠民县、阳信县、无棣县、博兴县、邹平市等地，潍坊市的临朐县、安丘市、潍城区、青州市、寿光市等地，淄博市的桓台县、高青县、沂源县、张店区、临淄区等地，泰安市的泰山区、岱岳区、肥城市、宁阳县等地，面积约占全省总面积的 29.1%。

（五）现蕾到裂铃期总降水量空间分布

棉花从现蕾到裂铃期需水量逐渐增加，到裂铃初期达最大值，这时的需水量是其一生中的一半以上。本书在计算气候适宜性指数时，对此因子适宜区间标准化，适宜区间范围为 388～550 mm。山东省棉花现蕾到裂铃期总降水量空间分布如图 5.6 所示。

可以看出，山东省棉花现蕾到裂铃期总降水量整体表现为现蕾到裂铃期总降水量整体上自南向北逐渐减少，具体表现为：棉花现蕾到裂铃期总降水量全省平均值约为 450.7 mm；高值区主要分布在枣庄市、济宁市、临沂市、日照市等地；最高值为 599.6 mm；低值区主要分布在聊城市、德州市、滨州市、东营市、淄博市、潍坊市等地，最低值为 346.3 mm。

将山东省棉花现蕾到裂铃期总降水量采用自然分级法分为 5 级，棉花现蕾到裂铃期总降水量最低值区分布在菏泽市的东明县、甄城县、牡丹区等地，聊城市的阳谷县、莘县、茌平县、东阿县、冠县、高唐县、临清市等地，德州市的陵城区、宁津县、临邑县、平原县、夏津县、武城县、乐陵市、禹城市等地，滨州市的惠民县、阳信县、无棣县、沾化县、博兴县等地，东营市的垦利区、利津县、广饶县、东营区等地，潍坊市的寿光市、寒亭区、昌邑市、奎文区等地，面积约占全省总面积的 29.3%。棉花现蕾到裂铃期总降水量在 417.8～452.6 mm 的区域主要分布在菏泽市的曹县、成武县、巨野县、定陶县等地，济宁市的汶上县、嘉祥县等地，泰安市的肥城市、宁阳县等地，济南市济阳区、商河县等地，青岛市的平度市、莱西市、胶州市、崂山区等地，烟台市的莱阳市、莱州市、招远市、栖霞市、海阳市等地，潍坊市青州市、临朐县、安丘市、昌乐县、高密市等地，面积约占全省总面积的 30.1%。总降水量在 452.6～494.3 mm 的区域主要分布在菏泽市的

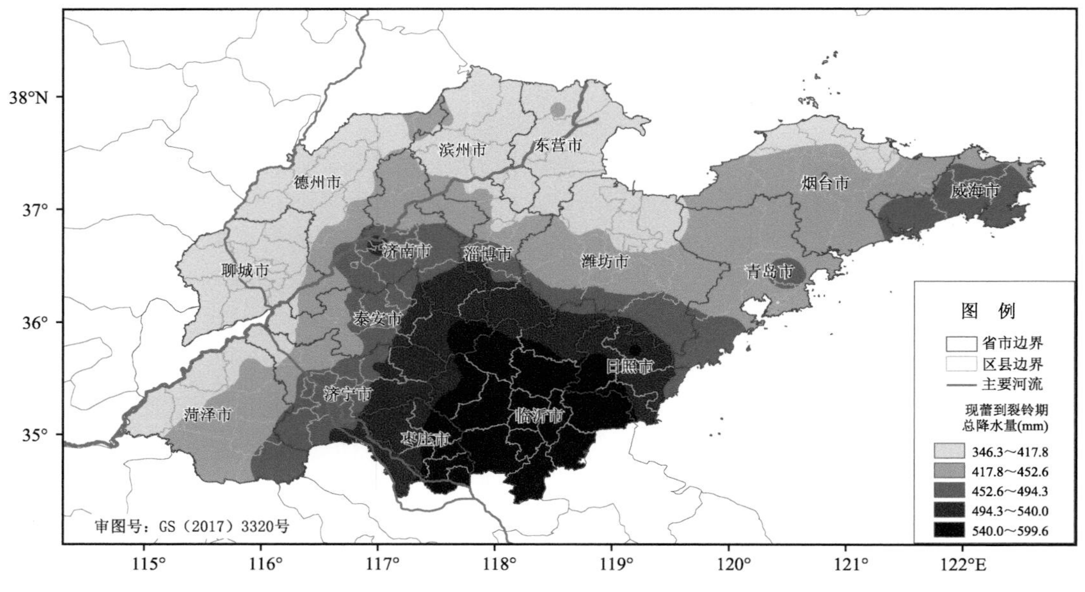

图 5.6　山东省棉花现蕾到裂铃期总降水量空间分布

单县，济宁市的鱼台县、任城区、金乡县等地，泰安市的岱岳区、泰山区等地，济南市的历城区、长清区等地，潍坊市的诸城以及青岛市的黄岛区等地，威海市乳山市、文登区、荣成市等地，面积约占全省总面积的 16.5%。总降水量在 494.3～540.0 mm 的区域主要分布在济宁市的微山县、滕州市、泗水县等地，泰安市的新泰市，济南市莱芜区、钢城区等地，日照市的莒县、五莲县、东港区等地，面积约占全省总面积的 12.2%。棉花现蕾到裂铃期总降水量最高值区主要分布在临沂市的沂南县、郯城县、费县、莒南县、蒙阴县、临沭县、罗庄区、兰山区以及日照市的台儿庄区等地，面积约占全省总面积的 11.9%。

（六）开花到裂铃期日平均气温＜16 ℃的日数空间分布

秋季气温下降快慢对棉花纤维品质有一定影响，纤维伸长期气温不得低于 16 ℃，纤维充实期不得低于 20 ℃，否则，纤维细胞壁沉积加厚停滞。棉花生长期间温度最好保持在一定区域内，若日平均气温＜16 ℃的日数较多，则会使棉花贪青晚熟，纤维发育不良，因此本书在计算气候适宜性指数时，对此因子进行极小值标准化。山东省棉花开花到裂铃期日平均气温＜16 ℃的日数空间分布如图 5.7 所示。

可以看出，山东省棉花开花到裂铃期日平均气温＜16 ℃的日数整体上自西向东逐渐降低。高值区主要分布在聊城市、德州市、滨州市、淄博市以及菏泽市等地，最高值为 0.6 d；低值区主要分布在青岛市、威海市、烟台市以及东营市等地，最低值为 0 d。

将山东省棉花开花到裂铃期日平均气温＜16 ℃的日数采用自然分级法分为 5 级，棉花开花到裂铃期日平均气温＜16 ℃的日数最低值区分布在威海市的文登市、荣成市、乳山市、环翠区等地，烟台市龙口市、莱阳市、莱州市、蓬莱区、招远市、海阳市等地，青岛市的即墨市、崂山区、黄岛区、胶州市、平度市等地，日照市东港区东部等地，面积约占全省总面积的 23.1%。开花到裂铃期日平均气温＜16 ℃的日数在 0.1～0.2 d 范围内的区域分布在潍坊市安丘市、坊子区、奎文区、寒亭区、诸城市等地，临沂市沂南县、兰山区、郯城县、费县、兰陵县等地，枣庄市

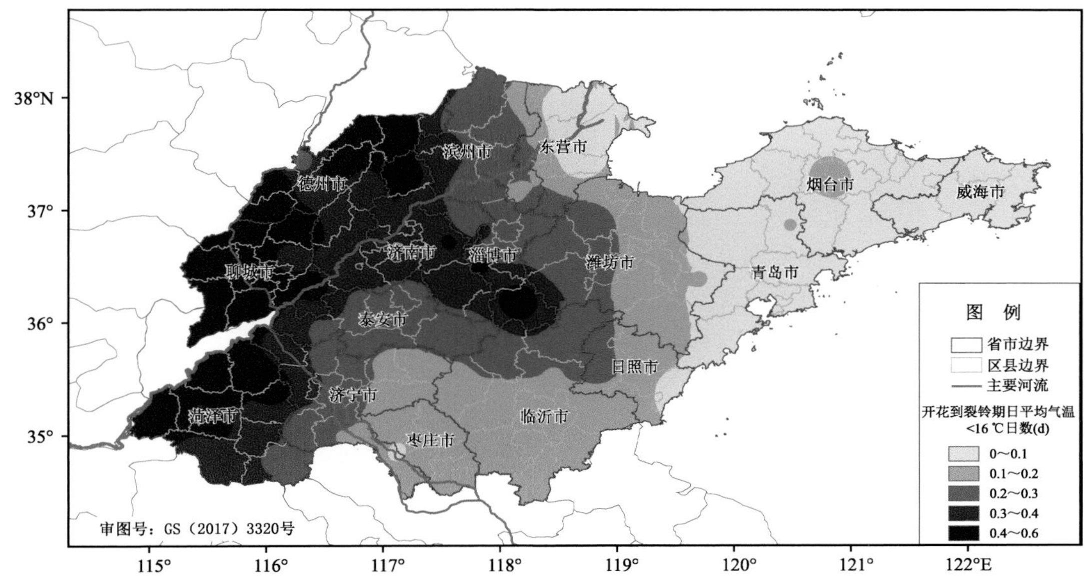

图 5.7　山东省棉花开花到裂铃期日平均气温<16 ℃日数空间分布

山亭区、薛城区、滕州市等地，济宁市邹城市、曲阜市、泗水县等地，面积约占全省总面积的23.8%。开花到裂铃期日平均气温<16 ℃的日数在0.2～0.3 d范围内的区域分布在滨州市无棣县、沾化县、邹平市等地，淄博市桓台县、高青县、临淄区、淄川区等地，临沂市沂水县、蒙阴县等地，泰安市岱岳区、泰山区、新泰市、宁阳县等地，济宁市兖州区、汶上县、任城区、金乡县、鱼台县等地，菏泽市单县等地，面积约占全省总面积的22.0%。开花到裂铃期日平均气温<16 ℃的日数在0.3～0.4 d范围内的区域分布在滨州市惠民县、阳信县等地，济南市济阳区、历城区、长清区、平阴县、莱芜区、钢城区、章丘区等地，菏泽市曹县、成武县、巨野县等地，济宁市梁山县、东平县等地，面积约占全省总面积的16.6%。棉花开花到裂铃期日平均气温<16 ℃的日数最高值区分布在聊城市阳谷县、莘县、冠县、高唐县、临清市等地，德州市陵城区、宁津县、夏津县、武城县、乐陵市、禹城市等地，菏泽市东明县、牡丹区、定陶区、鄄城县、郓城县等地，面积约占全省总面积的14.5%。

（七）现蕾到开花期总降水量空间分布

棉花不同生育期对水分的要求不同，棉花幼苗期需水不多，现蕾期地上部分生长加快，是营养生长和生殖生长并行及根系发展的重要阶段，因此，本书在计算气候适宜性指数时，对此因子进行适宜区间标准化，适宜区间范围为92～137 mm。山东省棉花现蕾到开花期总降水量空间分布如图5.8所示。

可以看出，山东省棉花现蕾到开花期总降水量整体表现为自南向北逐渐减少，具体表现为棉花现蕾到开花期总降水量全省平均值约为112.1 mm；高值区主要分布在枣庄市、济宁市、临沂市、日照市等地，最高值为153.2 mm；低值区主要分布在聊城市、菏泽市、潍坊市、威海市、烟台市、青岛市等地，最低值为82.9 mm。

将山东省棉花现蕾到开花期总降水量分为采用自然分级法分为5级，棉花现蕾到开花期总降水量最低值区分布在聊城市的阳谷县、莘县、冠县、临清市等地，菏泽市曹县、东明县、牡丹

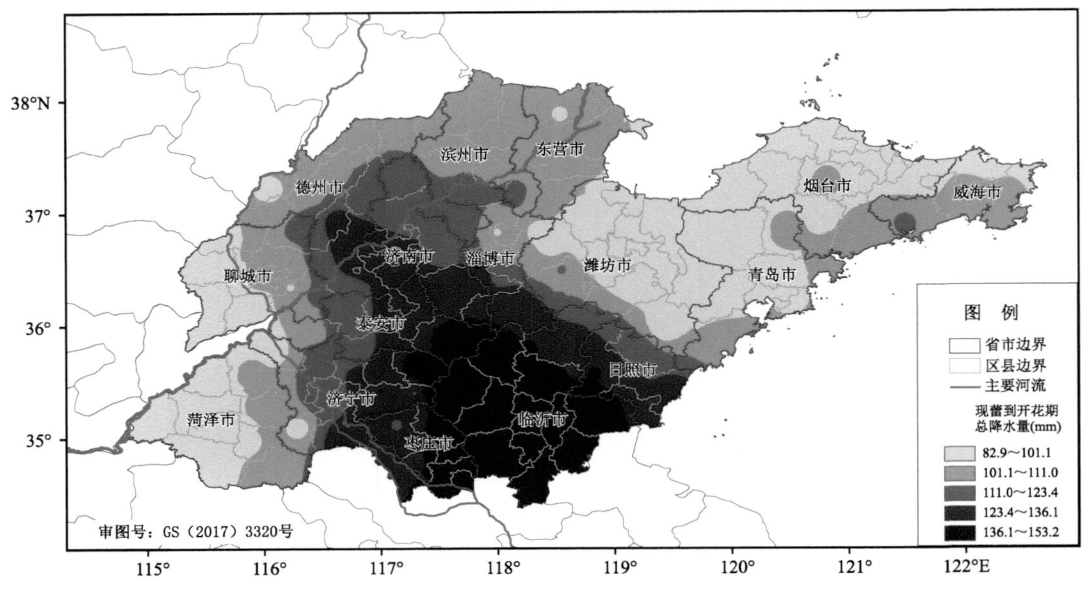

图 5.8　山东省棉花现蕾到开花期总降水量空间分布

区、定陶区、郓城县、鄄城县等地，青岛市的胶州市、即墨市、平度市等地，威海市环翠区，烟台市龙口市、莱阳市、莱州市、蓬莱区、招远市、栖霞市等地，潍坊市寿光市、昌乐县、安丘市、高密市、昌邑市、坊子区、奎文区等地，面积约占全省总面积的 29.9%，总降水量在 101.1～110.0 mm 范围内的区域分布在东营市的东营区、利津县、垦利区、广饶县，滨州市的惠民县、阳信县、无棣县、沾化县，德州市的陵城区、宁津县、平原县、夏津县、乐陵市，菏泽市的单县、巨野县、郓城县，聊城市的茌平县、东阿县，威海市的乳山市、文登区、荣成市，烟台市的海阳市，面积约占全省总面积的 28.9%。总降水量在 111.0～123.4 mm 的区域分布在淄博市高青县，济南市商河县、章丘区等地，济宁市汶上县、兖州区、任城区等地，面积约占全省总面积的 13.8%。总降水量在 123.4～136.1 mm 的区域分布在济宁市邹城市、曲阜市、鱼台县、微山县等地，济南市莱芜区、钢城区、沂源县等地，临沂市沂水县，日照市莒县、东港区、岚山区等地，面积约占全省总面积的 14.6%。棉花现蕾到开花期总降水量最高值分布在临沂市郯城县、兰陵县、临沭县、罗庄区、费县、平邑县、沂南县、兰山区等地，日照市台儿庄区、山亭区等地，面积约占全省总面积的 12.8%。

（八）全生育期总日照时数空间分布

棉花是喜光的短日照作物。只有在光照条件最适合的环境中，才能生长发育良好。光照度和光质也影响棉花生长发育。全生育期日照时数越长对棉花的种植越有利。因此，本书在计算气候适宜性指数时，对此因子进行极大值标准化。山东省棉花全生育期总日照时数空间分布如图 5.9 所示。

可以看出，山东省棉花全生育期总日照时数空间分布不均匀，整体上自北向南逐渐降低，具体为：棉花全生育期总日照时数全省平均值约为 1319.1 h；高值区主要分布在德州市、滨州市、东营市、威海市、烟台市、青岛市、潍坊市等地，最高值为 1541.2 h；低值区主要分布在菏泽市、枣庄市、临沂市等地，最低值为 1088.6 h。

将山东省棉花全生育期总日照时数分为采用自然分级法分为 5 级，棉花全生育期总日照

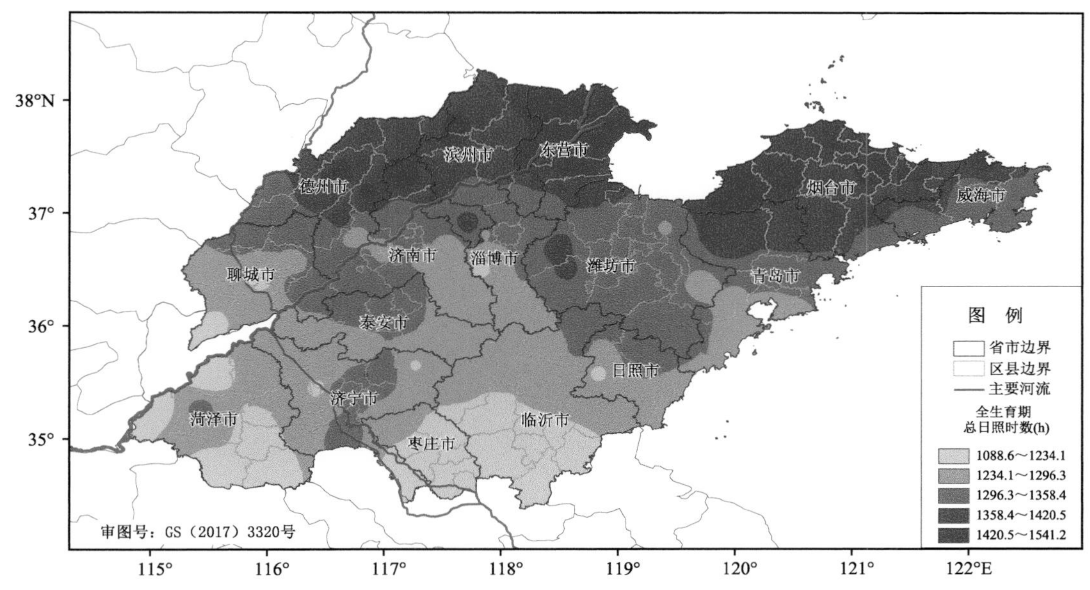

图 5.9 山东省棉花全生育期总日照时数空间分布

时数最低值区分布在临沂市费县、临沭县、罗庄区、兰陵县、郯城县、山亭区等地，枣庄市台儿庄区、薛城区、山亭区等地，菏泽市的单县、曹县、成武县、东明县、鄄城县等地，面积约占全省总面积的 12.4%。总日照时数在 1234.1～1296.3 h 范围内的区域分布在临沂市沂南县、蒙阴县、平邑县、莒南县等地，济南市的莱芜区、钢城区、周村区等地，泰安市的新泰市、宁阳县等地，济宁市的东平县、梁山县、汶上县、嘉祥县、任城区、金乡县等地，聊城市的冠县、阳谷县、茌平县等地，面积约占全省总面积的 29.3%。全生育期总日照时数在 1296.3～1358.4 h 范围内的区域分布在德州市的夏津县、武城县等地，泰安市的泰山区、岱岳区、肥城市等地，淄博市的桓台县、高青县、临淄区等地，潍坊市的寿光市、昌乐县、安丘市、诸城市、坊子区、奎文区、临朐县、潍城区等地，日照市的五莲县，青岛市的即墨市等地，面积约占全省总面积的 30.7%。全生育期总日照时数在 1358.4～1420.5 h 的区域分布在滨州市的沾化区、滨城区、惠民县、无棣县等地，德州市的宁津县、庆云县、临邑县、平原县、乐陵市、禹城市等地，青岛市的平度市、莱西市等地，烟台市的栖霞市、莱阳市、海阳市等地，面积约占全省总面积的 17.1%。棉花全生育期总日照时数最高值区分布在东营市的东营区、利津县、垦利区、河口区等地，烟台市的莱州市、招远市、龙口市、蓬莱区等地，面积约占全省总面积的 10.5%。

（九）花铃期到停止生长期寡照日数空间分布

棉花生长后期，充足光照，有利光合作用，可增加铃重，提高棉絮质量，最怕秋雨连绵，光照不足，引起茎叶疯长，株铃易遭病虫害，使僵烂铃增加，并延迟成熟，增加霜后花。寡照天气不利于棉花结铃及吐絮采摘，易出现烂桃。因此，本书在计算气候适宜性指数时，对此因子进行极小值标准化。山东省棉花花铃期到停止生长期寡照日数空间分布如图 5.10 所示。

可以看出，山东省棉花花铃期到停止生长期寡照日数整体上自西南向东北逐渐降低，具体为：棉花花铃期到停止生长期寡照日数全省平均值约为 18.3 d；高值区主要分布在菏泽市、济宁市、枣庄市、临沂市、聊城市等地，最高值为 27.2 d；低值区主要分布在东营市、青岛市、烟台

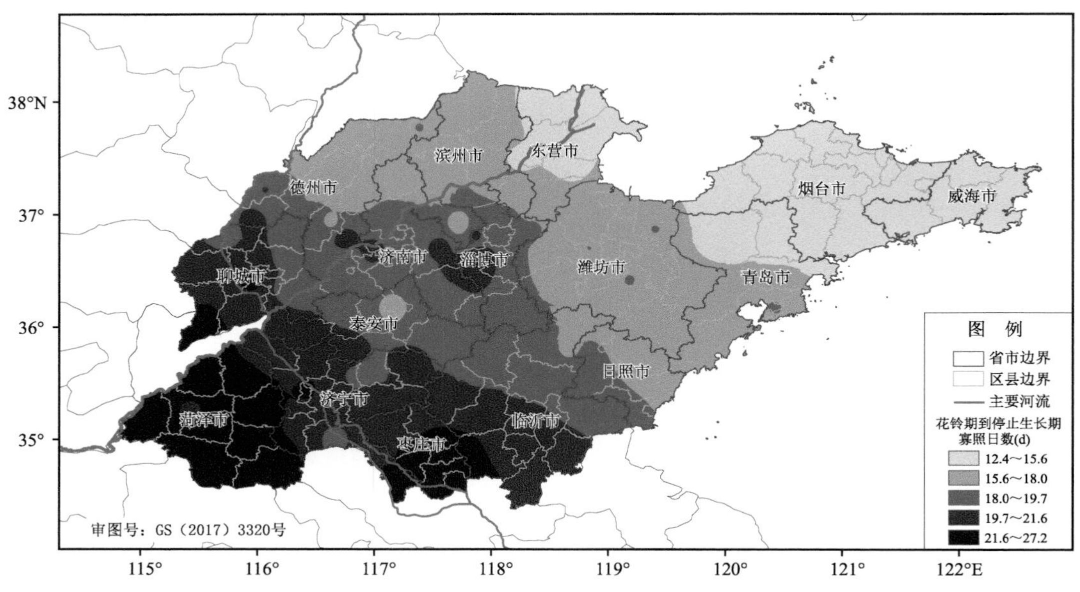

图 5.10　山东省棉花花铃期到停止生长期寡照日数空间分布

市、威海市等地，最低值为 12.4 d。

将山东省棉花花铃期到停止生长期寡照日数分为采用自然分级法分为 5 级，棉花花铃期到停止生长期寡照日数最低值区分布在烟台市的龙口市、蓬莱区、招远市、栖霞市、海阳市等地，威海市的文登市、荣成市、乳山市、环翠区等地，青岛市的平度市、莱西市等地，东营市的垦利区、利津县、东营区、河口区等地，面积约占全省总面积的 19.1%。寡照日数在 15.6～18.0 d 的区域主要分布在滨州市的惠民县、阳信县、无棣县、沾化县、博兴县等地，德州市的宁津县、陵城区、乐陵市、临邑县、德城区等地，潍坊市的寿光市、青州市、临朐县、安丘市、寒亭区、潍城区、昌邑市、奎文区、诸城市、坊子区等地，青岛市的胶州市、黄岛区、崂山区等地，面积约占全省总面积的 27.6%。寡照日数在 18.0～19.7 d 的区域主要分布在德州市的武城县、平原县、禹城市等地，泰安市肥城市、泰山区、新泰市、岱岳区，临沂市的沂南县、蒙阴县、沂水县、莒南县，日照市的莒县、岚山区等地，面积约占全省总面积的 22.7%。寡照日数在 19.7～21.6 d 范围内的区域分布在聊城市的冠县、阳谷县，济宁市的梁山县、汶上县、兖州区、鱼台县、邹城市、泗水县，临沂市的费县、平邑县、郯城县、临沭县、罗庄区、兰山区等地，面积约占全省总面积的 18.3%。棉花花铃期到停止生长期寡照日数最高值区分布在菏泽市的曹县、单县、成武县、巨野县、郓城县、鄄城县、定陶县、东明县，枣庄市的台儿庄区、山亭区、薛城区等地，面积约占全省总面积的 12.3%。

二、棉花气候适宜性区划

将影响棉花生长发育的关键气候因子进行累加，其表达式为：

$$Y_{气候} = \sum_{i=1}^{9} \lambda_i X_i \qquad (i = 1,2,\cdots,9) \tag{5.1}$$

式中，$Y_{气候}$ 表示棉花气候适宜性指数，X_i 为气候因子，λ_i 为权重。将气候因子标准化后乘以对应权重，进行空间叠加得到最终气候适宜性区划结果。采用自然分级法进行分级，得到棉花气候适宜性区划结果如图 5.11 所示。

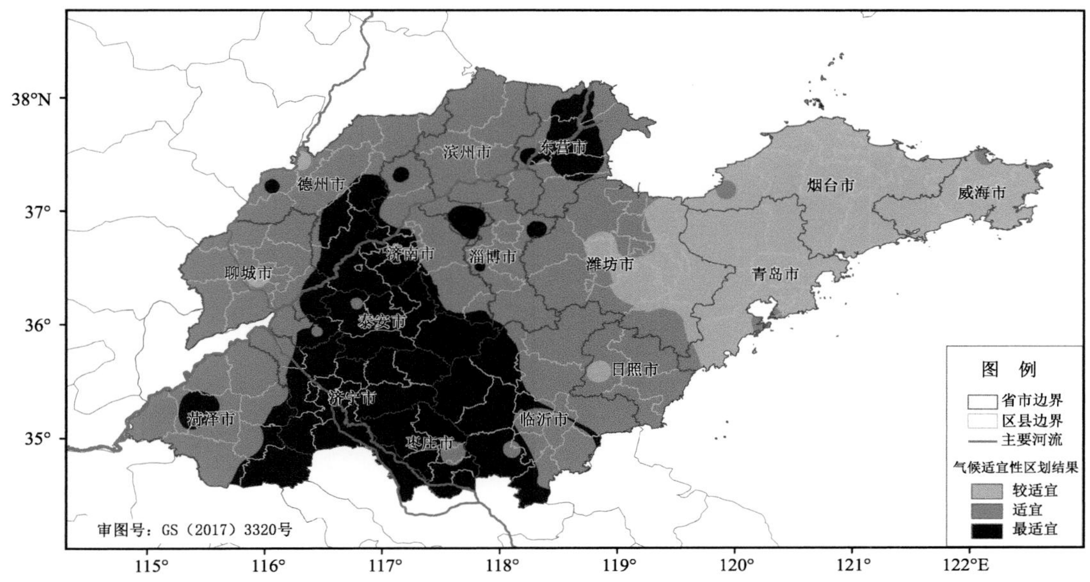

图 5.11　山东省棉花气候适宜性区划结果空间分布

如图 5.11 所示，山东省棉花气候适宜性区划结果总体呈现由西向东逐渐降低的趋势。最适宜区分布在枣庄市、济宁市、泰安市大部，以及菏泽市、临沂市、济南市、德州市和东营市部分地区，面积约占全省总面积的 28.6%；适宜区分布范围较广，聊城市、滨州市、日照市，以及淄博市、德州市、菏泽市大部，济南市、东营市、临沂市部分地区均为适宜区，面积约占全省总面积的 47.7%；较适宜区分布在青岛市、烟台市、威海市以及潍坊市部分地区，面积占比约为 23.7%。

第三节　综合区划

将气候适宜性区划结果、地形适宜性区划结果和土壤适宜性区划结果标准化后进行空间叠加，得到山东省棉花精细化农业气候资源区划综合结果，其计算公式为：

$$Y = \lambda_1 Y_{气候} + \lambda_2 Y_{地形} + \lambda_3 Y_{土壤} \tag{5.2}$$

式中，Y 为农业气候资源综合指数，$\lambda_1 = 0.70$，$\lambda_2 = 0.15$，$\lambda_3 = 0.15$。采用自然分级法进行分级，得到山东省棉花精细化农业气候资源区划结果见图 5.12 所示。

综合气候、地形、土壤三大因子，可以看出，山东棉花适宜性较好，大部分区域为最适宜区和适宜区。区划结果整体呈现出西部高东部低的特点。最适宜区主要分布在菏泽市、枣庄市、济宁市、临沂市、泰安市、济南市、淄博市、东营市、德州市等地；适宜区主要分布在潍坊市、日照市，以及聊城市、滨州市部分地区；较适宜区主要分布在青岛市、烟台市及威海市。最适宜、适宜、较适宜分别占全省面积比为 55.1%、23.8%、21.1%。

为了使区划更加精确，在考虑气候、地形、土壤三大区划因子的基础上，进一步考虑山东省

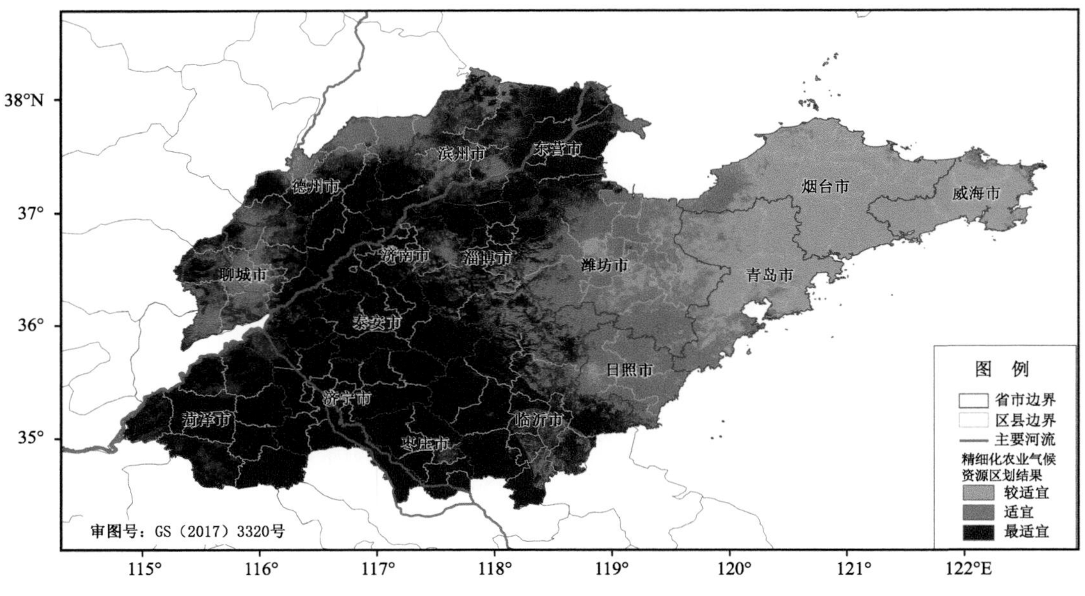

图 5.12　山东省棉花精细化农业气候资源区划结果空间分布

的土地利用类型，将水域、城乡、工矿、居民用地等土地利用类型区域剔除，得到山东省棉花精细化农业适宜性综合区划(图 5.13)。

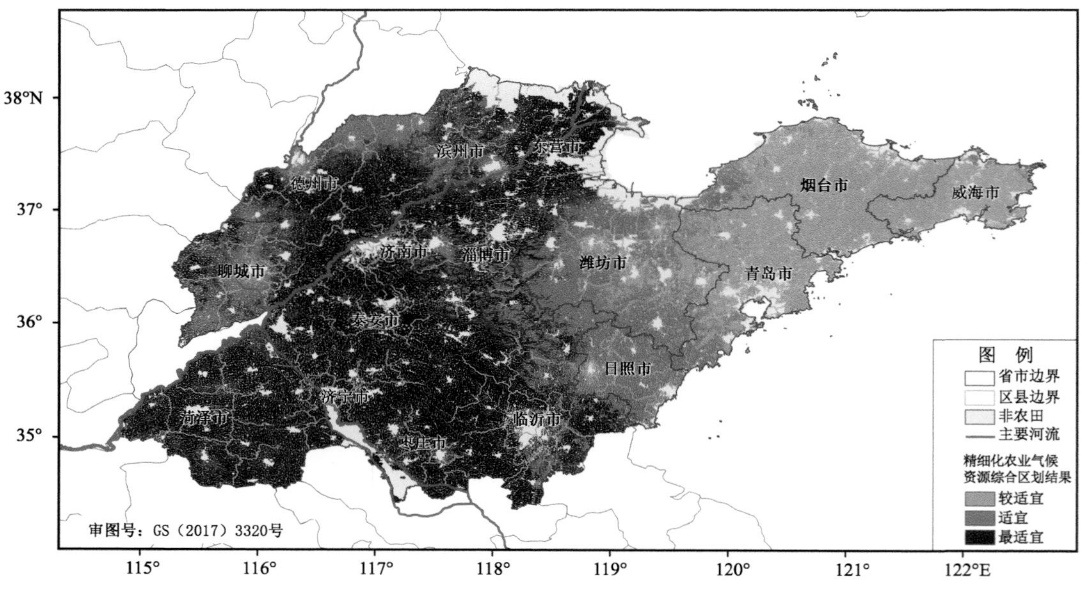

图 5.13　山东省棉花精细化农业气候资源综合区划结果空间分布

由图 5.13 可以看出，最适宜区主要分布在菏泽市、枣庄市、济宁市、临沂市、泰安市、济南市、淄博市、东营市、德州市等地，面积约占全省总面积的 39.8%；适宜区主要分布在潍坊市、日照市等地，面积约占全省总面积的 19.3%；较适宜区主要分布在青岛市、烟台市市及威海市等地，面积约占全省总面积的 17.4%。

第六章　花生精细化农业气候资源区划

第一节　区划因子选择与权重

一、区划因子选择

花生是山东省的主要油料作物之一，其产量及种植面积均位居全国第二，在全国花生生产中具有举足轻重的地位。山东省花生一般于4月下旬前后开始播种，9月中下旬收获，整个发育阶段主要分为播种期、出苗期、开花下针期、结荚期和成熟期。

花生原产于热带，属于喜温作物，对热量条件要求较高，在整个生长发育过程中，均要求较高的温度。花生种子发芽出苗的最适温度为25～37 ℃。苗期生长的最适温度在25～35 ℃，在低于15 ℃的温度条件下，生长几乎停止，要正常生长，温度必须高于20 ℃。开花的适宜日平均气温为23～28 ℃，在这一温度范围内，温度越高，开花量越大；当日平均气温降到21 ℃以下时，开花数量显著减少；若低于19 ℃时，则受精过程受阻，若超过30 ℃时，开花数量也减少，受精过程受到严重影响，成针率显著降低。荚果发育的最低温度为15 ℃，最高温度为39 ℃，最适温度为29 ℃；结荚期地温保持在30.6 ℃时，荚果发育最快，体积最大，重量最重，若温度达到38.6 ℃时，荚果发育缓慢；若温度低于15 ℃时，荚果停止发育。

水分是花生生长发育的主要条件之一，也是种子由休眠状态转到生长发育状态的一个决定条件。花生生长发育总的需水趋势是幼苗期少，开花下针和结荚期较多，生育后期荚果成熟阶段又减少，呈现“两头少、中间多”的需水规律。由出苗到开花的幼苗阶段，耗水量较少，降水及阴雨日数较多，会造成通气性不良引起烂种及茎叶徒长，同时影响根系发育，幼苗生长缓慢，影响花芽分化和开花结果。花生开花下针期，既是植株营养体迅速生长的盛期，也是大量开花、下针和形成幼果的生殖生长的盛期，是花生一生需水最多的时期。如降水较少，开花数量显著减少，甚至会中断开花；若降水较多，土壤通透性差，不仅会影响根系和荚果的发育，造成植株旺长倒伏，进而会影响到产量和品质。结荚至成熟阶段，花生地上部营养体的生长逐渐减缓以至停止，需水量逐渐减少，但若降水量太少，会影响荚果的饱满度；降水量太多，也不利于荚果发育，甚至会造成烂果。

花生属短日照作物，但一般花生幼苗期、结荚成熟期的日照时数对植株的生长发育影响不大，而开花下针期的日照时数对植株的生长发育有一定的影响，长日照有利于营养体生长，短日照能使盛花期提前，但总开花数量略有减少。

花生对土壤的要求不太严格，除特别黏重的土壤和盐碱地，均可种植花生。但由于花生是地上开花、地下结果的作物，要想获得优质、高产，对土壤物理性状的要求，以耕作层疏松、活土层深厚的沙壤土最为适宜。上层土壤的通气透水性良好，昼夜温差大；下层土壤的蓄水保肥能力强，热容量高，使土壤中的水、肥、气、热得到协调统一，有利于花生的生长和荚果的发育。

充分考虑山东省的花生生产和农业气象条件，提出山东省花生精细化农业气候区划指标。选取播种期总降水量、开花下针期最高气温>35 ℃日数、结荚到成熟期总降水量、全生育期连阴天总日数、全生育期日平均气温≥15 ℃的活动积温 5 个气候要素作为花生精细化农业气候区划的因子。选取海拔高度、坡度、坡向 3 个地形要素作为花生农业地形区划因子，选取土壤质地、土壤类型和土壤腐殖质厚度 3 个土壤要素作为花生农业土壤区划因子。

二、因子权重

以气候区划因子为例，采用层次分析法（AHP）赋予不同因子权重，计算过程如下。

第一步：构建判断矩阵。

根据花生生育期各气候因子对花生生长的影响，分别将开花下针期最高气温>35 ℃日数、全生育期连阴天总日数、播种期总降水量、结荚到成熟期总降水量、全生育期日平均气温≥15 ℃的活动积温赋值 1～6，构成判别矩阵：

	Ⅰ	Ⅱ	Ⅲ	Ⅳ	Ⅴ
Ⅰ	1	2	3	3	5
Ⅱ	1/2	1	2	2	4
Ⅲ	1/3	1/2	1	1	2
Ⅳ	1/3	1/2	1	1	2
Ⅴ	1/5	1/4	1/2	1/2	1

注：Ⅰ. 开花下针期最高气温>35 ℃日数，Ⅱ. 全生育期连阴天总日数，Ⅲ. 播种期总降水量，Ⅳ. 结荚到成熟期总降水量，Ⅴ. 全生育期日平均气温≥15 ℃的活动积温。

第二步：根据和积法，将判断矩阵归一化。过程为将每一列中的每一个数除这一列的总和，得到标准化矩阵：

	Ⅰ	Ⅱ	Ⅲ	Ⅳ	Ⅴ
Ⅰ	0.423	0.471	0.400	0.400	0.357
Ⅱ	0.211	0.235	0.267	0.267	0.286
Ⅲ	0.141	0.118	0.133	0.133	0.143
Ⅳ	0.141	0.118	0.133	0.133	0.143
Ⅴ	0.085	0.059	0.067	0.067	0.071

第三步：计算各因子权重。将新矩阵求和列数据加和，数值为 5，将求和列中每个数除以 5，即得到各因子的权重。如开花下针期最高气温>35 ℃日数，其权重为 0.410，其他各因子权重如矩阵：

	Ⅰ	Ⅱ	Ⅲ	Ⅳ	Ⅴ	求和	权重
Ⅰ	0.423	0.471	0.400	0.400	0.357	2.050	0.410
Ⅱ	0.211	0.235	0.267	0.267	0.286	0.266	0.253
Ⅲ	0.141	0.118	0.133	0.133	0.143	0.668	0.134
Ⅳ	0.141	0.118	0.133	0.133	0.143	0.668	0.134
Ⅴ	0.085	0.059	0.067	0.067	0.071	0.348	0.070

第四步：进行矩阵一致性检验。

将判断矩阵每一行与对应因子的权重相乘后求和，求出各气候因子的 AW 值。基于公式(1.8)，计算最大特征根 $\lambda_{max}=5.018$，查找平均随机一致性指标表 1.2 对应的 RI＝1.12，基于公式(1.9)计算一致性指标 CI＝0.005，CR＝CI/RI，CR＝0.004＜0.10，通过检验。因此，确定为开花下针期最高气温＞35 ℃日数、全生育期连阴天总日数、播种期总降水量、结荚到成熟期总降水量、全生育期日平均气温≥15 ℃的活动积温 5 个因子的权重分别为 0.410、0.253、0.134、0.134、0.070。

	Ⅰ	Ⅱ	Ⅲ	Ⅳ	Ⅴ	权重	AW
Ⅰ	1	2	3	3	5	0.410	2.066
Ⅱ	1/2	1	2	2	4	0.253	1.271
Ⅲ	1/3	1/2	1	1	2	0.134	0.670
Ⅳ	1/3	1/2	1	1	2	0.134	0.670
Ⅴ	1/5	1/4	1/2	1/2	1	0.070	0.349

最后，花生精细化农业气候资源区划因子的权重如下。

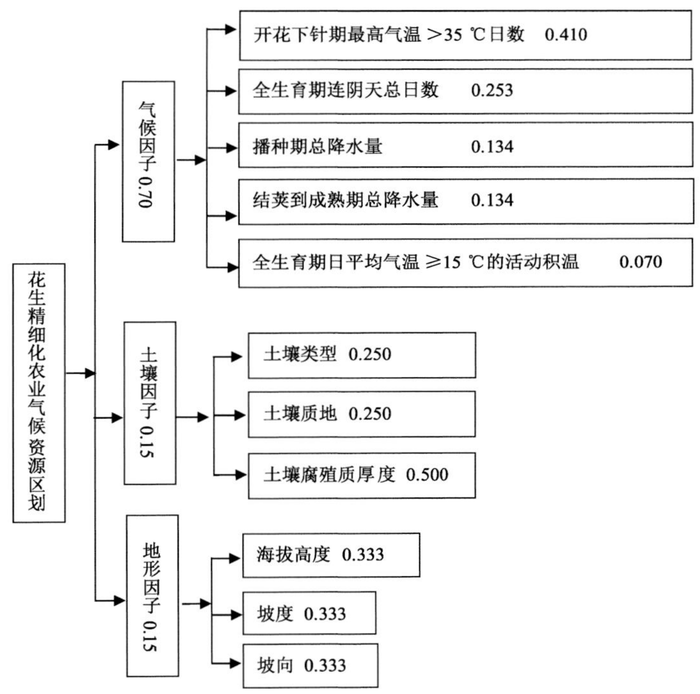

图 6.1　山东省花生精细化农业气候资源区划因子及权重

第二节　气候因子

一、花生气候适宜性区划因子空间分布

(一)花生播种期总降水量空间分布

播种期土壤墒情不足,会影响出苗,也易导致蚜虫大发生;降水过多,会引起烂种等。因此本书在计算气候适宜性指数时,对该因子进行适宜区间标准化。花生播种期降水量空间分布如图 6.2 所示。

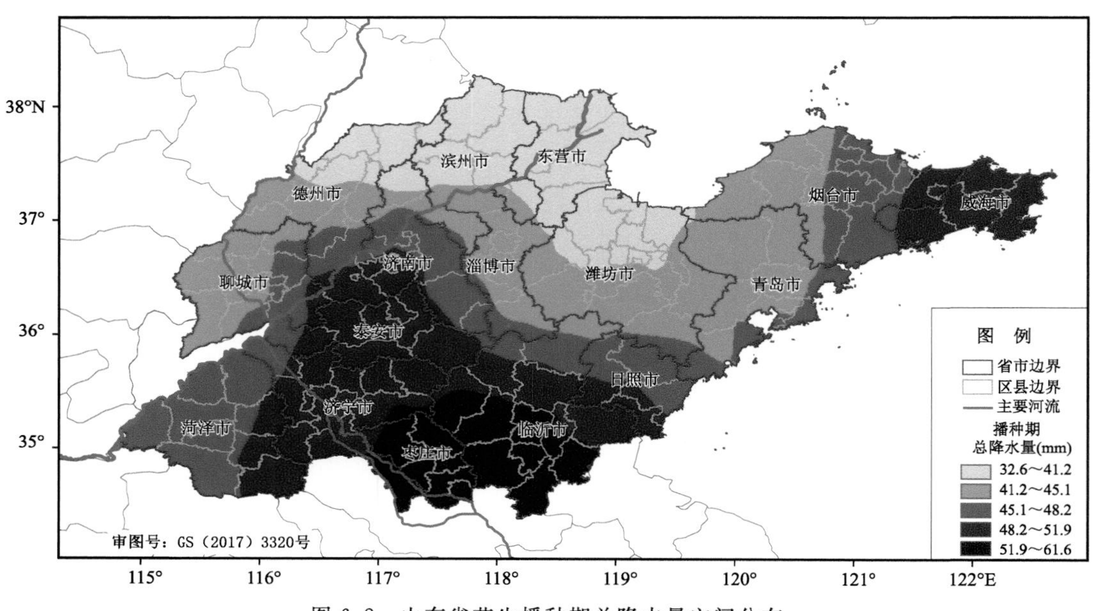

图 6.2　山东省花生播种期总降水量空间分布

可以看出,山东省花生播种期总降水量空间分布不均匀,整体表现为自南向北逐渐减少,但半岛部分地区也为高值区。具体为:花生播种期总降水量全省平均值约为 46.1 mm;高值区主要分布在枣庄市、临沂市、济宁市、菏泽市、泰安市、济南市、威海市等地,最高值为 61.6 mm。低值区主要分布在东营市、滨州市、潍坊市、德州市等地,最低值为 32.6 mm。

将山东省花生播种期总降水量采用自然分级法分为 5 级,分别为:32.6～41.2 mm、41.2～45.1 mm、45.1～48.2 mm、48.2～51.9 mm、51.9～61.6 mm。花生播种期总降水量最少(32.6～41.2 mm)的区域分布在东营市河口区、垦利区、利津县、东营区、广饶县,滨州市无棣县、沾化县、滨城区、阳信县、惠民县,德州市乐陵市、宁津县、陵城区,潍坊市寿光市、寒亭区、潍城区、昌邑市等地,面积约占全省总面积的 16.1%。花生播种期总降水量在 41.2～45.1 mm 范围内的区域分布在德州市的武城县、夏津县、平原县,聊城市的莘县、冠县、高唐县、临清市,淄博市淄川区、桓台县、张店区、博山区、高青县区,潍坊市安丘市、临朐县、高密市、青州市,青岛市平度市、即墨市、胶州市、莱西市,烟台市的招远市、龙口市、莱州市等地,面积约占全省总

面积的28.0%。花生播种期总降水量在45.1～48.2 mm范围内的区域分布在烟台市的海阳市、栖霞市，日照市五莲县、东港区，菏泽市的曹县、东明县、牡丹区、定陶区、郓城县、鄄城县，济南市莱芜区、钢城区等地，面积约占全省总面积的23.1%。花生播种期总降水量在48.2～51.9 mm范围内的区域分布在威海市的乳山市、文登区、荣成区、环翠区，日照市的莒南县、岚山区，临沂市的沂南县、蒙阴县，泰安市的新泰市、岱岳区、泰山区、肥城市、宁阳县，济宁市的鱼台县、金乡县、任城区、兖州区、汶上县等地，面积约占全省总面积的23.8%。花生播种期总降水量最多(51.9～61.6 mm)的区域分布在枣庄市的台儿庄区、山亭区、滕州市，临沂市的郯城县、兰陵县、临沭县、罗庄区、费县、兰山区等地，面积约占全省总面积的9.0%。

(二)开花下针期最高气温>35 ℃日数空间分布

花生开花的适宜温度是23～28 ℃，在这一温度范围内，温度越高，开花量越大，当日平均气温降到21 ℃时，开花数量显著减少；当温度降低到19 ℃时，则受精过程受阻。若超过30 ℃时，开花数量显著减少，受精过程严重受阻。因此，本书在计算气候适宜性指数时，对该因子进行极小值标准化。开花下针期最高气温>35 ℃日数空间分布见图6.3所示。

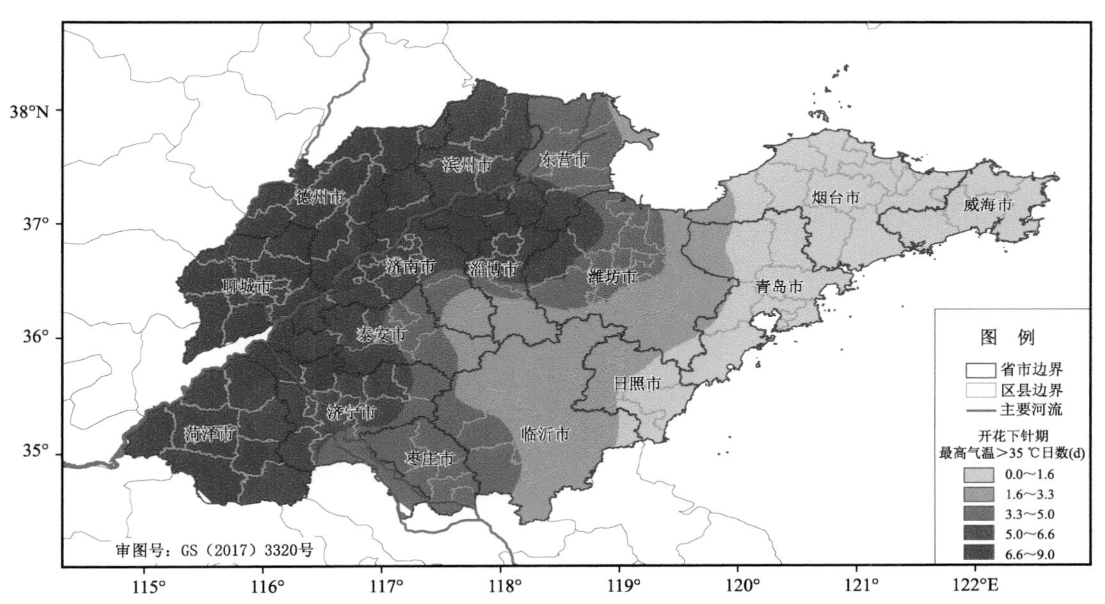

图6.3　山东省花生开花下针期最高气温>35℃日数空间分布

可以看出，山东省花生开花下针期最高气温>35 ℃日数整体上呈现自西向东逐渐降低的空间特征，鲁西北、鲁南和鲁中部分地区花生开花下针期最高气温>35 ℃日数相对较多，半岛地区花生开花下针期最高气温>35 ℃日数相对较少。具体为：花生开花下针期最高气温>35 ℃日数全省平均值约为4.6 d；高值区主要分布在聊城市、德州市、菏泽市、济宁市、滨州市、淄博市等地，最高值为9.0 d。低值区主要分布在威海市、烟台市、青岛市、日照市等地，最低值为0.0 d。

将山东省花生开花下针期最高气温>35 ℃日数采用自然分级法分为5级，分别为0.0～1.6 d、1.6～3.3 d、3.3～5.0 d、5.0～6.6 d、6.6～9.0 d。花生开花下针期最高气温>35 ℃日数最少(0.0～1.6 d)的区域分布在威海市的文登市、荣成市、乳山市、环翠区，烟台市龙口市、莱阳市、莱州市、蓬莱区、招远市、栖霞市、海阳市，青岛市的即墨市、崂山区、黄岛区，日照市五莲县、东港区、岚山区等地，面积约占全省总面积的 20.5%。花生开花下针期最高气温＞35 ℃日数在 1.6～3.3 d 范围内的区域分布在潍坊市安丘市、高密市、诸城市，临沂市沂水县、沂南县、蒙阴县、兰山区、郯城县等地，面积约占全省总面积的 18.8%。花生开花下针期最高气温＞35 ℃日数在 3.3～5.0 d 范围内的区域分布在东营市河口区、东营市、垦利区、利津县，潍坊市寒亭区、潍城区、昌乐县、临朐县，枣庄市台儿庄区、山亭区、薛城区、滕州市等地，面积约占全省总面积的 17.9%。花生开花下针期最高气温＞35 ℃日数在 5.0～6.6 d 范围内的区域分布在滨州市惠民县、阳信县、无棣县、沾化区，泰安市肥城市、宁阳县，济宁市兖州市、嘉祥县、金乡县、任城区等地，面积约占全省总面积的 17.6%。花生开花下针期最高气温＞35 ℃日数最多(6.6～9.0 d)的区域分布在聊城市阳谷县、莘县、茌平县、冠县、高唐县、临清市，德州市陵城区、宁津县、庆云县、临邑县、齐河县、平原县、夏津县、武城县、乐陵市、禹城市，菏泽市东明县、曹县、牡丹区、定陶区、郓城县等地，面积约占全省总面积的 25.2%。

(三)结荚到成熟期总降水量空间分布

花生结荚期降水太少，则荚果的膨大和成熟受到抑制；降水过多对荚果发育不利，还会增加病害发生概率，影响产量和品质。因此，本书在计算气候适宜性指数时，对该因子进行适宜区间标准化计算。山东省花生结荚到成熟期总降水量空间分布如图 6.4 所示。

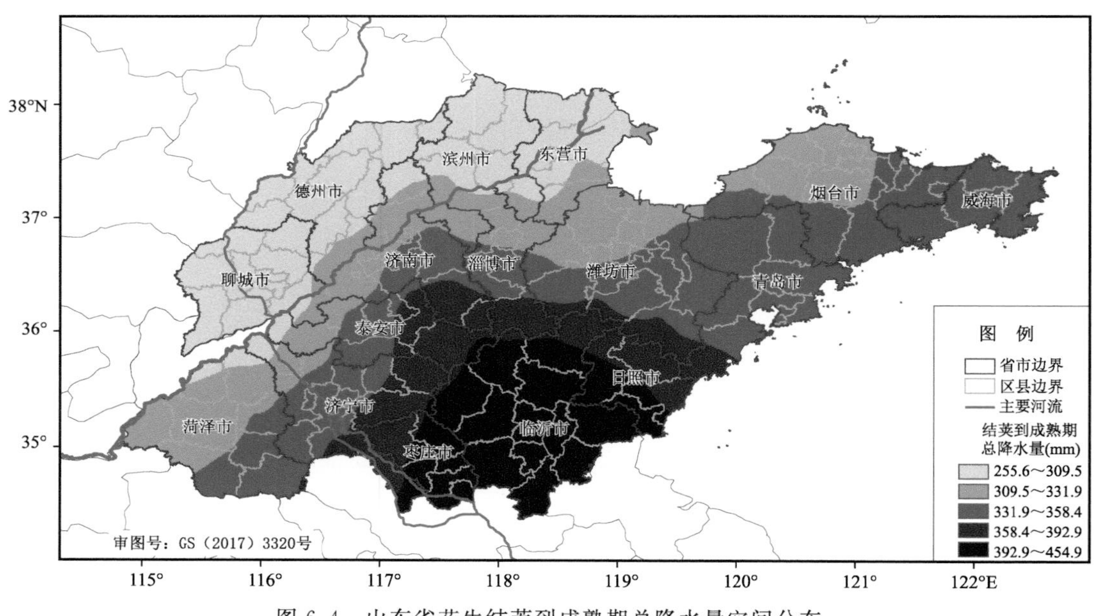

图 6.4 山东省花生结荚到成熟期总降水量空间分布

可以看出，山东省花生结荚到成熟期总降水量空间分布不均匀，整体上自南向北逐渐降低，鲁南地区最多，半岛地区和鲁中部分地区略低，鲁西北地区最少。具体为：花生结荚到成熟期总降水量全省平均值约为 338.7 mm；高值区主要分布在临沂市、枣庄市、日照市、泰安市、济南市、威海市、烟台市、青岛市等地，最高值为 454.9 mm。低值区主要分布在聊城市、德州市、滨州市、东营市等地，最低值为 255.6 mm。

将山东省花生结荚到成熟期总降水量采用自然分级法分为 5 级，分别为：255.6～309.5 mm、

309.5～331.9 mm、331.9～358.4mm、358.4～392.9 mm、392.9～454.9 mm。花生结荚到成熟期总降水量最少(255.6～309.5 mm)的区域分布在聊城市阳谷县、莘县、茌平县、冠县、高唐县，德州市陵城区、宁津县、庆云县、临邑县、平原县、夏津县、武城县、乐陵市、禹城市，滨州市惠民县、阳信县、无棣县、沾化县，东营市垦利区、利津县、广饶县等地，面积约占全省总面积的21.5%。花生结荚到成熟期总降水量在309.5～331.9 mm范围内的区域分布在菏泽市东明县、牡丹区、定陶区、郓城县、鄄城县，潍坊市寿光市、寒亭区，淄博市临淄区、桓台县、张店区、高青县等地，面积约占全省总面积的21.1%。花生结荚到成熟期总降水量在331.9～358.4 mm范围内的区域分布在菏泽市单县、成武县、巨野县，济宁市兖州区、任城区、金乡县、鱼台县，泰安市宁阳县、泰山区，淄博市淄川区、博山区，潍坊市临朐县、安丘市、坊子区、高密市、奎文市，青岛市平度市、即墨市、莱西市、胶州市、崂山区，烟台市莱阳市、海阳市，威海市文登市、荣成市、乳山市、环翠区等地，面积约占全省总面积的31.1%。花生结荚到成熟期总降水量在358.4～392.9 mm范围内的区域分布在济宁市邹城市、泗水县、微山县，济南市莱芜区、钢城区，日照市五莲县等地，面积约占全省总面积的12.2%。花生结荚到成熟期总降水量最多(392.9～454.9 mm)的区域分布在临沂市沂南县、郯城县、沂水县、费县、平邑县、莒南县、蒙阴县、临沭县、兰山区、兰陵县等地，面积约占全省总面积的14.1%。

(四)全生育期连阴天总日数空间分布

花生整个生育期均要求较强的光照，如光照不足易引起地上部徒长，根冠比降低，开花延迟，单株花量降低，干物质积累减少，产量降低等。有试验表明，无论哪个生育期对花生进行遮光处理，均对饱果数、百仁重、荚果产量产生影响。因此，连阴天日数越多，对花生生长越不利，本书在计算气候适宜性指数时，对该因子进行极小标准化。全生育期连阴天总日数的空间分布如图6.5所示。

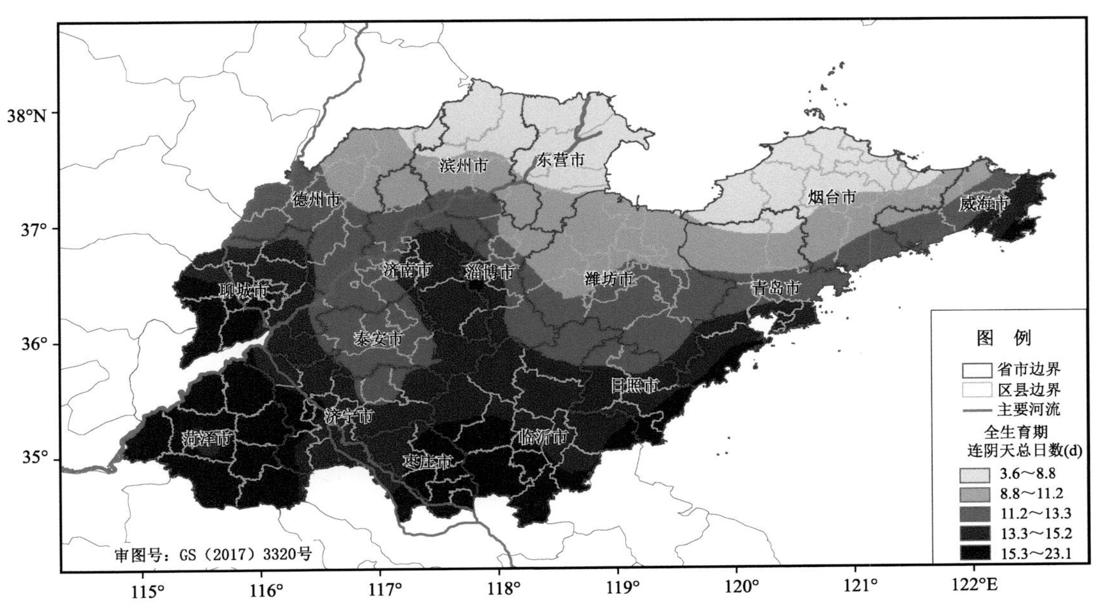

图6.5　山东省花生全生育期连阴天总日数空间分布

可以看出，山东省花生全生育期连阴天总日数空间分布不均匀，整体上呈现自南向北逐渐降低的空间分布特征，鲁南地区、鲁西北和鲁中部分地区，以及半岛地区的荣成市为高值区，鲁西北部分地区以及半岛大部分地区最少。具体为：山东省花生全生育期连阴天总日数平均值约为 12.6 d；高值区主要分布在菏泽市、济宁市、枣庄市、临沂市、日照市、聊城市、济南市、泰安市、威海市等地，最高值为 23.1 d；低值区主要分布在烟台市、东营市、滨州市、青岛市等地，最低值为 3.6 d。

将山东省花生全生育期连阴天总日数采用自然分级法分为 5 级，分别为：3.6～8.8 d、8.8～11.2 d、11.2～13.3 d、13.3～15.2 d、15.2～23.1 d。花生全生育期连阴天总日数最少(3.6～8.8 d)的区域分布在东营市垦利区、利津县、东营区、河口区，烟台市龙口市、蓬莱区、招远市、栖霞市等地，面积约占全省总面积的 13.1%。花生全生育期连阴天总日数在 8.8～11.2 d 范围内的区域分布在德州市的宁津县、陵城区、乐陵市，滨州市惠民县、滨城区，潍坊市寿光市、青州市、寒亭区、潍城区、昌邑市、奎文区，青岛市平度市、莱西市，面积约占全省总面积的 16.9%。花生全生育期连阴天总日数在 11.2～13.3 d 范围内的区域分布在德州市武城县、平原县、夏津县、禹城市、德城区，泰安市肥城市、泰山区、岱岳区、宁阳县，潍坊市安丘市、诸城市、高密市，青岛市即墨区，烟台市海阳市，威海市文登区、乳山市等地，面积约占全省总面积的 25.3%。花生全生育期连阴天总日数在 13.3～15.2 d 范围内的区域分布在聊城市高唐县、茌平县、临清市，济宁市梁山县、汶上县、兖州市、鱼台县、邹城市、泗水县，临沂市沂南县、莒南县、平邑县、蒙阴县、河东区，济南市莱芜区、章丘区，日照市莒县、五莲县等地，面积约占全省总面积的 25.9%。花生全生育期连阴天总日数最多(15.2～23.1 d)的区域分布在聊城市阳谷县、莘县、冠县，菏泽市曹县、单县、成武县、巨野县、郓城县、鄄城县、定陶县、东明县，枣庄市台儿庄区、山亭区、薛城市区，临沂市郯城县、兰陵县、费县、罗庄区等地，面积约占全省总面积的 18.8%。

(五)全生育期日平均气温≥15 ℃的活动积温空间分布

花生是喜温作物，整个生育期积温是主要的制约因素。积温减少，会影响花生出米率，导致减产，在花生生长期间，若温度低于 15 ℃，荚果停止发育，因此，本书在计算气候适宜性指数时，对该因子进行极大值标准化。花生全生育期≥15 ℃的活动积温空间分布如图 6.6 所示。

可以看出，山东省花生全生育期日平均气温≥15 ℃的活动积温整体上自西向东逐渐降低，半岛地区低，鲁南、鲁中和鲁西北部分地区相对较高。具体为：全生育期日平均气温≥15 ℃的活动积温全省平均值约为 3511.1 ℃·d；高值区主要分布在济宁市、菏泽市、枣庄市、临沂市、聊城市、德州市、滨州市、东营市、淄博市、潍坊市、济南市、泰安市等地，最高值为 3765.0 ℃·d；低值区主要分布在威海市、烟台市等地，最低值为 2653.5 ℃·d。

将山东省花生全生育期日平均气温≥15 ℃的活动积温分为采用自然分级法分为 5 级，分别为：2653.5～3158.8 ℃·d、3158.8～3341.6 ℃·d、3341.6～3493.9 ℃·d、3493.9～3611.4 ℃·d、3611.4～3763.6 ℃·d。花生全生育期日平均气温≥15 ℃的活动积温最低(2653.5～3158.8 ℃·d)的区域仅分布在威海市的文登区、荣成市、乳山区等地，面积约占全省总面积的 3.0%。花生全生育期日平均气温≥15 ℃的活动积温在 3158.8～3341.6 ℃·d 范围内的区域分布在青岛市黄岛区、崂山区，烟台市栖霞市、莱阳市、海阳市、蓬莱区、招远市等地，面积约占全省总面积的 12.0%。花生全生育期日平均气温≥15 ℃的活动积温在 3341.6～3493.9 ℃·d 范围内的区域分布在青岛市的平度市、即墨区、莱州市，潍坊市昌邑市、坊子区、奎文区、昌乐县、安丘市、诸城市，日照市莒县、五莲县、岚山区等地，面积约占全省总面积的 19.1%。花生全生育期日平

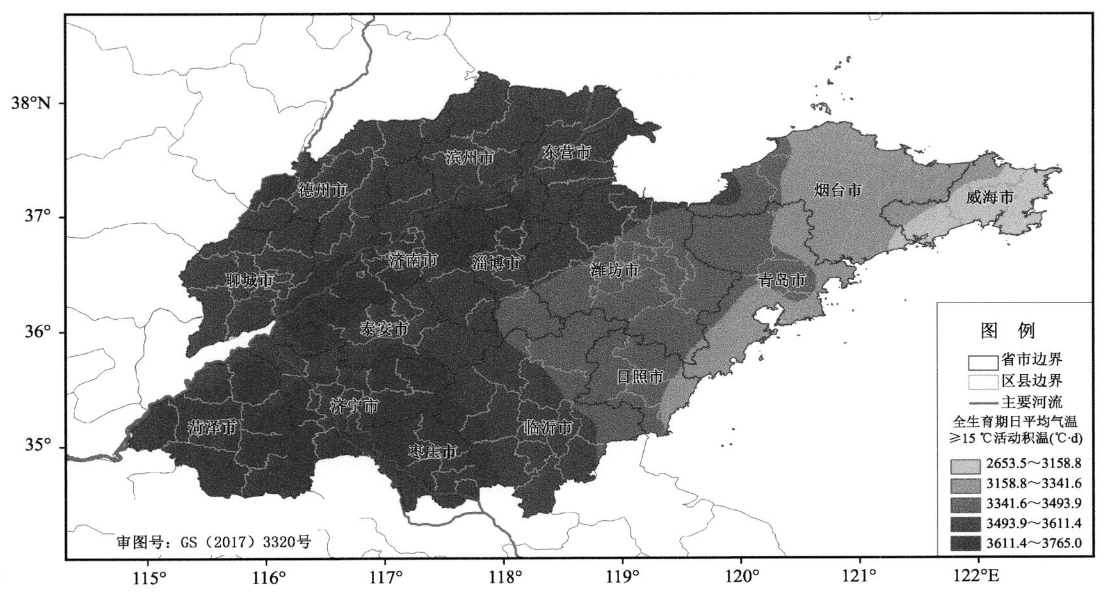

图 6.6　山东省花生全生育期日平均气温≥15 ℃的活动积温空间分布

均气温≥15 ℃的活动积温在 3493.9～3611.4 ℃ · d 范围内的区域分布在滨州市惠民县、阳信县、无棣县、沾化县、博兴县，德州市陵城区、宁津县、庆云县、临邑县、齐河县、平原县、夏津县、乐陵市、禹城市，聊城市阳谷县、莘县、茌平县、冠县、高唐县、临清市，潍坊市寿光市、青州市，临沂市郯城县、临沭县、罗庄区、兰山区、蒙阴县等地，面积约占全省总面积的 40.5%。花生全生育期日平均气温≥15 ℃的活动积温最高(3611.4～3765.0 ℃ · d)的区域分布在菏泽市曹县、单县、成武县、巨野县、郓城县、鄄城县、定陶区、东明县，济宁市微山县、鱼台县、金乡县、嘉祥县、泗水县、曲阜市、兖州市、邹城市，淄博市桓台县，济南市长清区和历城区等地，面积约占全省总面积的 25.4%。

二、花生气候适宜性区划

将影响花生生长发育的关键气候因子进行累加，其表达式为：

$$Y_{气候} = \sum_{i=1}^{7} \lambda_i X_i \qquad (i = 1,2,\cdots,7) \tag{6.1}$$

式中，$Y_{气候}$表示花生气候适宜性指数，X_i为气候因子，λ_i为权重。将气候因子标准化后乘以对应权重，进行空间叠加得到最终气候适宜性区划结果，并采用自然分级法进行分级，得到花生气候适宜性区划结果如图 6.7 所示。

山东省花生气候适宜性区划结果显示，花生气候适宜性总体呈现由东南向西北逐渐降低的趋势。花生种植最适宜区分布在威海市、烟台市、青岛市、日照市、临沂市、枣庄市等地，面积约占全省总面积的 49.8%；适宜区分布在济宁市、泰安市、潍坊市、淄博市、济南市等地，面积约占全省总面积的 12.8%；较适宜区主要分布在东营市、滨州市、德州市、聊城市、菏泽市等地，面积占比约为 37.4%。

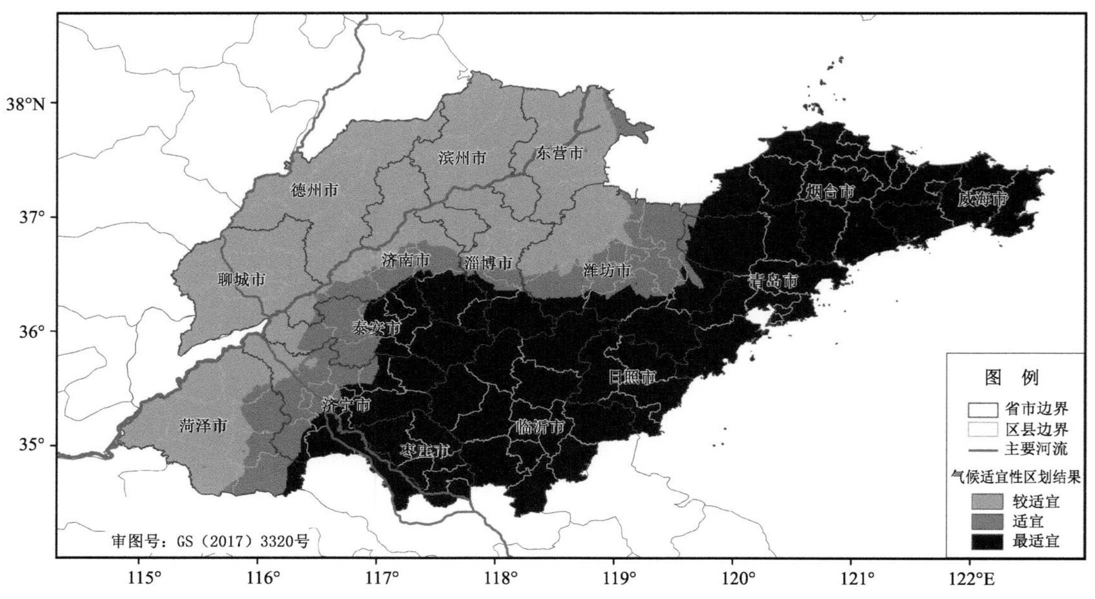

图 6.7　山东省花生气候适宜性区划结果空间分布

第三节　综合区划

将气候适宜性区划结果、地形适宜性区划结果和土壤适宜性区划结果标准化后进行空间叠加，得到花生精细化农业气候资源区划综合结果，其计算公式为：

$$Y = \lambda_1 Y_{气候} + \lambda_2 Y_{地形} + \lambda_3 Y_{土壤} \tag{6.2}$$

式中，Y 为农业气候资源综合指数，$\lambda_1 = 0.70$，$\lambda_2 = 0.15$，$\lambda_3 = 0.15$。采用自然分级法进行分级，得到山东省花生精细化农业气候资源区划结果见图 6.8 所示。

综合气候、地形和土壤三大因子，可以看出，区划结果整体呈现出东南高西部北低的特点。最适宜区主要分布在威海市、烟台市、青岛市、临沂市、日照市、枣庄市大部，济宁市、泰安市、济南市、淄博市和潍坊市的南部部分地区；适宜区主要分布在菏泽市、济宁市、泰安市、济南市、淄博市、潍坊市北部部分地区，较适宜区主要分布在聊城市、德州市、滨州市、东营市大部分地区及菏泽市、淄博市部分地区。最适宜、适宜、较适宜区分别占全省面积的 44.6%、28.9%、26.5%。

为了使区划更加精确，在考虑气候、地形和土壤三大因子区划的基础上，进一步考虑山东省的土地利用类型，将水域、城乡、工矿、居民用地等土地利用类型区域剔除，得到山东花生精细化农业气候资源综合区划(图 6.9)。

由图 6.9 可以看出，最适宜区主要分布在威海市、烟台市、青岛市、临沂市、日照市、枣庄市等地，面积占全省总面积的 33.6%；适宜区主要分布在菏泽市、济宁市、泰安市、济南市、淄博市、潍坊市等地，面积占全省总面积的 22.5%；较适宜区主要分布在聊城市、德州市、滨州市、东营市等地，面积约占全省总面积的 20.4%。

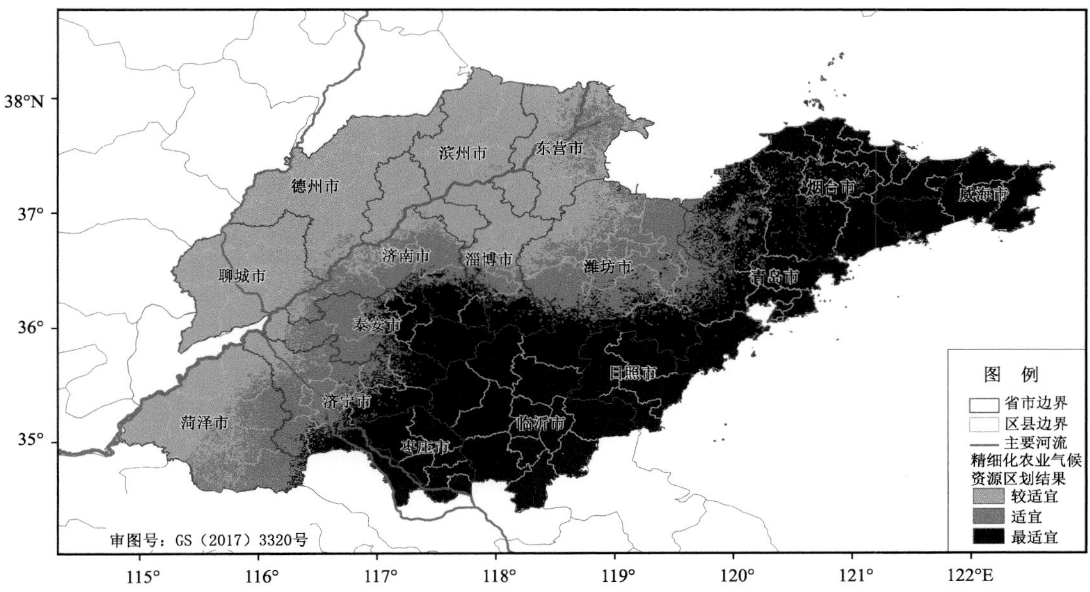

图 6.8　山东省花生精细化农业气候资源区划结果空间分布

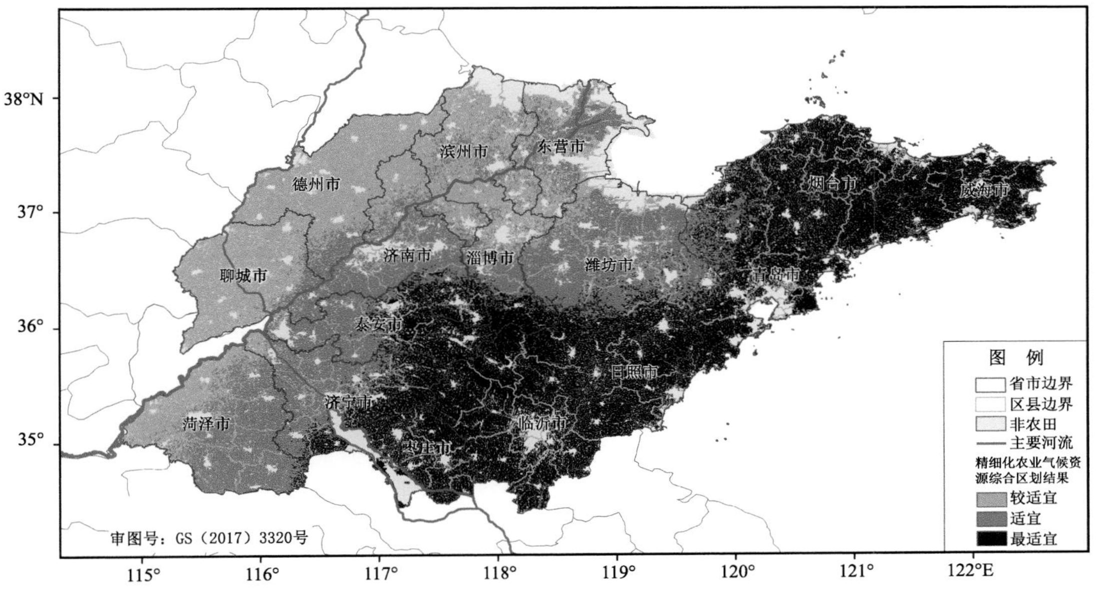

图 6.9　山东省花生精细化农业气候资源综合区划结果空间分布

第七章　生姜精细化农业气候资源区划

第一节　区划因子选择与权重

一、区划因子选择

生姜为姜科植物姜的新鲜根茎。山东是全国生姜主产区之一。生姜为常用调料类食物，也可用于做酱菜及小吃等；生姜也具备相当的药用价值。山东省生姜一般于4月上旬播种，10月下旬收获，主要发育期包括播种出苗期、分枝期、姜块膨大期、成熟收获期。

生姜性喜温暖，根茎(姜块)生长需要较高的温度。在16～18 ℃以上才能发芽，在20～27 ℃时姜块发育迅速，月均温为24～29 ℃最适宜根茎分生，在生姜根茎旺盛生长期，15 ℃以下影响养分积累，甚至停止生长，达40 ℃时发芽仍无妨碍，低于10 ℃以下，姜块容易腐烂。生姜耐阴而不耐强日照，对日照长短要求不严格。生姜不耐寒、不耐霜，初霜到来茎叶便遇霜枯死，根茎被迫进入休眠，因此初霜日太早，会缩短生姜生育期，影响生姜产量。生姜属浅根性植物，根系不发达，吸收水分能力弱，既不耐旱又不耐涝，所以要保持田间供水均匀。旺长期生长量大，需水量多，要保持土壤湿润状态，但雨后土壤过湿应及时排水，避免积水淹生姜烂根和姜瘟蔓延，因此，旱和涝均会对生姜的生长和最后产量造成影响。生姜为耐阴作物，在强光下叶片易枯萎，光合作用逐渐降低，影响根茎生长，最终影响产量。喜欢肥沃疏松的壤土或沙壤土，在黏重潮湿的低洼地栽种生长不良，在瘠薄保水性差的土地上生长也不好。生姜对钾肥的需要最多，氮肥次之，磷肥最少。生姜喜欢肥沃疏松的壤土或沙壤土，在黏重潮湿的低洼地栽种生长不良，在瘠薄保水性差的土地上生长也不好。在影响生姜品质的诸多环境因素中，气候条件是主导因素，对生姜的品质影响更为明显。同一生姜品种在不同地区种植表现出的品质间的差异，在很大程度上主要受气候条件变化的影响。

充分考虑山东省的生姜生产和农业气象条件，提出生姜精细化农业气候区划指标。选取姜块膨大期平均气温≥15 ℃日数、全生育期总降水量、姜块膨大期连阴天总日数、10月初霜冻日期(<2 ℃)4个气候要素作为生姜精细化农业气候区划的因子。选取海拔高度、坡度、坡向3个地形要素作为生姜农业地形区划因子，选取土壤质地、土壤类型和土壤腐殖质厚度3个土壤要素作为生姜农业土壤区划因子。

二、因子权重

以气候区划因子为例，采用层次分析法(AHP)赋予不同因子权重，计算过程如下。

第一步：构建判断矩阵。

根据生姜生育期各气候因子对生姜生长的影响，将姜块膨大期平均气温≥15 ℃日数、全生育期总降水量、姜块膨大期连阴天总日数、10 月初霜冻日期(<2 ℃)分别赋值为 1～3，构成判别矩阵：

	Ⅰ	Ⅱ	Ⅲ	Ⅳ
Ⅰ	1	2	3	3
Ⅱ	1/2	1	2	2
Ⅲ	1/3	1/2	1	1
Ⅳ	1/3	1/2	1	1

注：矩阵中，Ⅰ. 姜块膨大期平均气温≥15 ℃日数，Ⅱ. 全生育期总降水量，Ⅲ. 姜块膨大期连阴天总日数，Ⅳ. 10 月初霜冻日期。

第二步：根据和积法，将判断矩阵归一化。过程为将每一列中的每一个数除以这一列的总和，得到标准化矩阵：

	Ⅰ	Ⅱ	Ⅲ	Ⅳ
Ⅰ	0.462	0.500	0.429	0.429
Ⅱ	0.231	0.250	0.286	0.286
Ⅲ	0.154	0.125	0.146	0.143
Ⅳ	0.154	0.125	0.143	0.143

第三步：计算各因子权重。将新矩阵求和列数据加和，数值为 4，将求和列中每个数除以 4，即得到各因子的权重。如姜块膨大期平均气温≥15 ℃日数，其权重为 0.455，其他各因子权重如矩阵：

	Ⅰ	Ⅱ	Ⅲ	Ⅳ	求和	权重
Ⅰ	0.462	0.500	0.429	0.429	1.819	0.455
Ⅱ	0.231	0.250	0.286	0.286	1.052	0.263
Ⅲ	0.154	0.125	0.146	0.143	0.565	0.141
Ⅳ	0.154	0.125	0.143	0.143	0.565	0.141

第四步：进行矩阵一致性检验。

将判断矩阵每一行与对应因子的权重相乘后求和，求出各气候因子的 AW 值(表 7.4)。基于公式(1.8)，计算最大特征根 $\lambda_{max}=4.01$，查找平均随机一致性指标表 1.2 对应的 RI=0.90，基于公式(1.9)计算一致性指标 CI=0.003，CR=CI/RI，CR=0.0007<0.10，通过检验。因此，确定为姜块膨大期平均气温≥15 ℃日数、全生育期总降水量、姜块膨大期连阴天总日数、10 月初霜冻日期(<2 ℃)4 个因子的权重分别为 0.455、0.263、0.141、0.141。

	Ⅰ	Ⅱ	Ⅲ	Ⅳ	权重	AW
Ⅰ	0.462	0.500	0.429	0.429	0.455	1.828
Ⅱ	0.231	0.250	0.286	0.286	0.263	1.055
Ⅲ	0.154	0.125	0.146	0.143	0.141	0.565
Ⅳ	0.154	0.125	0.143	0.143	0.141	0.565

最后，生姜精细化农业气候资源区划因子的权重如下。

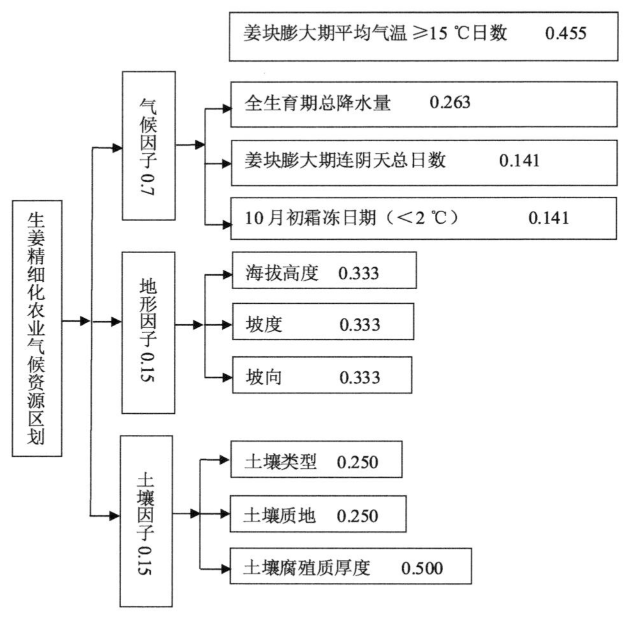

图 7.1　山东省生姜精细化农业气候资源区划因子及权重

第二节　气候因子

一、生姜气候适宜性区划因子空间分布

(一)姜块膨大期平均气温≥15 ℃日数空间分布

生姜性喜温暖，根茎(姜块)生长需要较高的温度。在生姜根茎旺盛生长期，15 ℃以下影响养分积累，甚至停止生长，达 40 ℃时发芽仍无妨碍，低于 10 ℃以下，姜块容易腐烂。山东省生姜块膨大期平均气温≥15 ℃日数越大，越有利于生姜的生长，因此，本书在计算气候适宜性指数时，将此因子进行极大值标准化。山东省姜块膨大期平均气温≥15 ℃日数空间分布如图 7.2 所示。

可以看出，姜块麟芽膨大期到成熟期平均气温≥15 ℃日数空间分布不均匀，整体上自南向北逐渐降低，鲁南大部及半岛的威海市姜块麟芽膨大期到成熟期平均气温≥15 ℃日数相对较多，鲁西北大部及鲁中部分地区姜块麟芽膨大期到成熟期平均气温≥15 ℃日数相对较少。具体为:姜块麟芽膨大期到成熟期平均气温≥15 ℃日数全省平均值约为 74.3 d;高值区主要分布在枣庄市、临沂市、济宁市、菏泽市、日照市，威海市等地，最高值为 78.6 d;低值区主要分布在聊城市、德州市、滨州市、潍坊市、济南市等地，最低值为 63.6 d。

将山东省姜块麟芽膨大期到成熟期平均气温≥15 ℃日数采用自然分级法分为 5 级，如图 7.2 所示，分别为:63.6～73.0 d、73.0～73.9 d、73.9～74.7 d、74.7～75.8 d、75.8～78.6 d，可以看出，姜块麟芽膨大期到成熟期平均气温≥15 ℃日数最少(63.6～73.0 d)的区域分布在聊

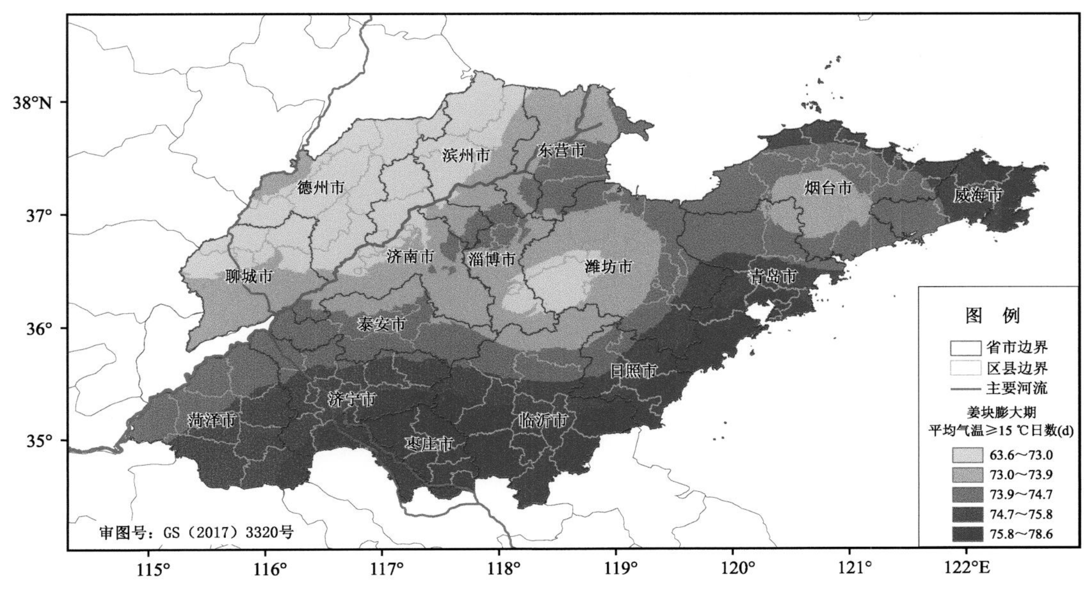

图 7.2　山东省姜块麟芽膨大期到成熟期平均气温≥15 ℃日数空间分布

城市的茌平县、冠县、高唐县、临清市等地，德州市的陵城区、宁津县、临邑县、平原县、夏津县、乐陵市、禹城市等地，滨州市的惠民县、阳信县、无棣县等地，潍坊市临朐县等地均有分布，面积约占全省总面积的 16.7%。姜块麟芽膨大期到成熟期平均气温≥15 ℃日数在 73.0～73.9 d 范围内的区域主要分布在东营市河口区、垦利区、利津县等地，济南市莱芜区、钢城区、历城区、长清区等地，聊城市阳谷县、莘县等地，潍坊市昌乐县、青州市、诸城市、寿光市、安丘市、坊子区、奎文区等地，面积约占全省总面积的 23.4%。姜块麟芽膨大期到成熟期平均气温≥15 ℃日数在 73.9～74.7 d 范围内的区域主要分布在泰安市宁阳县、东平县、新泰市、肥城市等地，菏泽市的东明县、牡丹区、郓城县、鄄城县等地，济宁市的鱼台县、任城区、金乡县等地，泰安市的岱岳区、泰山区等地，济宁市的梁山县、汶上县等地，临沂市沂南县、蒙阴县等地，东营市东营区、广饶县等地，青岛市莱州市、平度市、莱西市等地，烟台市招远市、海阳市等地，威海市乳山市等地，面积约占全省总面积的 26.8%。姜块麟芽膨大期到成熟期平均气温≥15 ℃日数在 74.7～75.8 d 范围内的区域主要分布在济宁市的曲阜市、兖州区、嘉祥县、任城区、金乡县、泗水县等地，临沂市平邑县、兰山区等地，日照市五莲县等地，潍坊市高密市、诸城市等地，青岛市即墨区、胶州市等地，威海市文登区、环翠区等地，面积约占全省总面积的 17.6%。姜块麟芽膨大期到成熟期平均气温≥15 ℃日数最多(75.8～78.6 d)的区域分布在临沂市的郯城县、费县、莒南县、兰陵县、临沭县等地，枣庄市的台儿庄区、山亭区、滕州市等地，济宁市微山县、邹城市、鱼台县等地，青岛市黄岛区、崂山区等地，威海市荣成市，面积约占全省总面积的 15.5%。

（二）生姜全生育期总降水量空间分布

生姜旺长期生长量大，需水量多，要保持土壤湿润状态。因此，本书在计算气候适宜性指数时，将此因子进行极大值标准化。山东省生姜生育期内降水量空间分布如图 7.3 所示。

可以看出，山东省生姜全生育期总降水量整体上自南向北逐渐降低，鲁南部分地区及威海市生姜全生育期总降水量相对较多，鲁西北大部及鲁中部分地区生姜全生育期总降水量相对

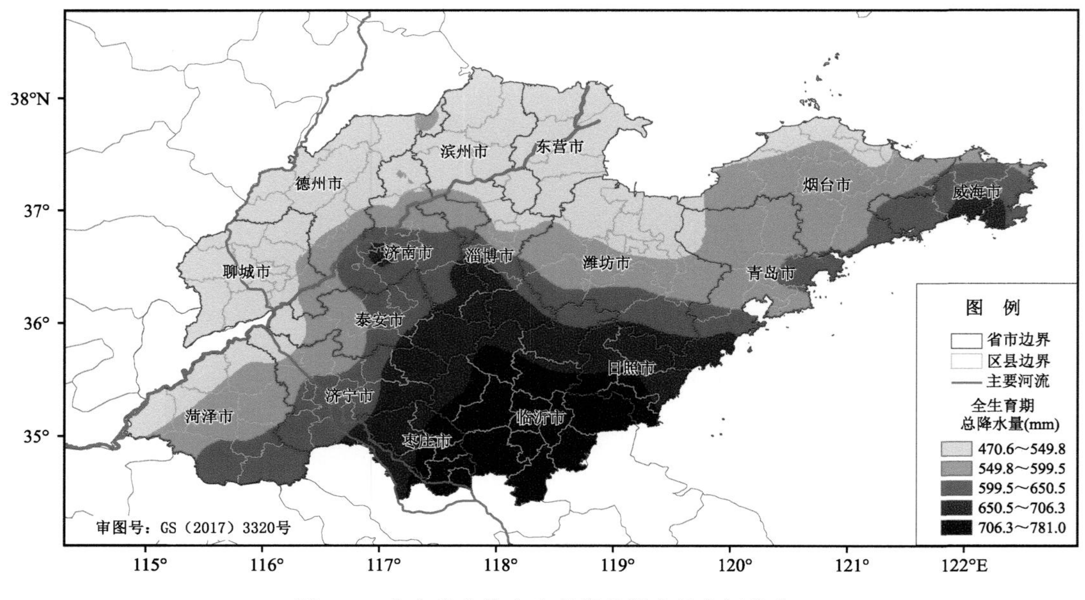

图 7.3 山东省生姜全生育期总降水量空间分布

较少。具体为：生姜全生育期总降水量全省平均值约为 592.9 mm；高值区主要分布在枣庄市、临沂市、日照市、泰安市、济南市、威海市等地，最高值为 781.0 mm；低值区主要分布在聊城市、德州市、滨州市、东营市、潍坊市、淄博市、青岛市等地，最低值为 470.6 mm。

将山东省生姜全生育期总降水量采用自然分级法分为 5 级，分别为：476.0～549.8 mm、549.8～599.5 mm、599.5～650.5 mm、650.5～706.3 mm、706.3～781.0 mm。生姜全生育期总降水量最少(470.6～549.8 mm)的区域分布在菏泽市的东明县、甄城县、郓城县等地，聊城市的阳谷县、莘县、茌平县、东阿县、冠县、高唐县、临清市等地，德州市的陵城区、宁津县、临邑县、平原县、夏津县、武城县、乐陵市、禹城市等地，滨州市的惠民县、阳信县、无棣县、沾化县、博兴县等地，东营市的垦利区、利津县、广饶县、东营区等地，潍坊市的寿光市、寒亭区、昌邑市、坊子区、奎文区等地，面积约占全省总面积的 31.3%。生姜全生育期总降水量在 549.8～599.5 mm 范围内的区域分布菏泽市的成武县、巨野县、定陶县等地，泰安市肥城市，济宁市汶上县、兖州区、嘉祥县等地，青岛市的平度市、莱西市、胶州市、崂山区等地，烟台市的莱阳市、莱州市、招远市、栖霞市、海阳市等地，潍坊市青州市、昌乐县、高密市等地，面积约占全省总面积的 25.7%。生姜全生育期总降水量在 599.5～650.5 mm 范围内的区域分布在菏泽市的单县、曹县等地，济宁市的鱼台县、曲阜市、任城区、金乡县等地，泰安市的岱岳区、泰山区等地，济南市的长清区、历城区等地，潍坊市诸城市、安丘市等地，威海市乳山市、荣成区、环翠区等地，面积约占全省总面积的 18.5%。生姜全生育期总降水量在 650.5～706.3 mm 范围内的区域分布在济宁市的微山县、滕州市、泗水县等地，泰安市的新泰市，济南市钢城区等地，淄博市沂源县，日照市的莒县、五莲县、东港区等地，面积约占全省总面积的 13.7%。生姜全生育期总降水量最多(706.3～781.0 mm)的区域分布在临沂市的沂南县、郯城县、费县、莒南县、蒙阴县、兰陵县、兰山区、临沭县以及枣庄市的台儿庄区等地，面积约占全省总面积的 10.8%。

（三）姜块膨大期连阴天总日数空间分布

生姜为耐阴作物，在强光下叶片易枯萎，光合作用逐渐降低，影响根茎生长，最终影响产量。旺长期寡照日数越大，越有利于生姜生长，因此，本书在计算气候适宜性指数时，将此因子进行极大值标准化。山东省生姜生育期内总日照时数空间分布如图 7.4 所示。

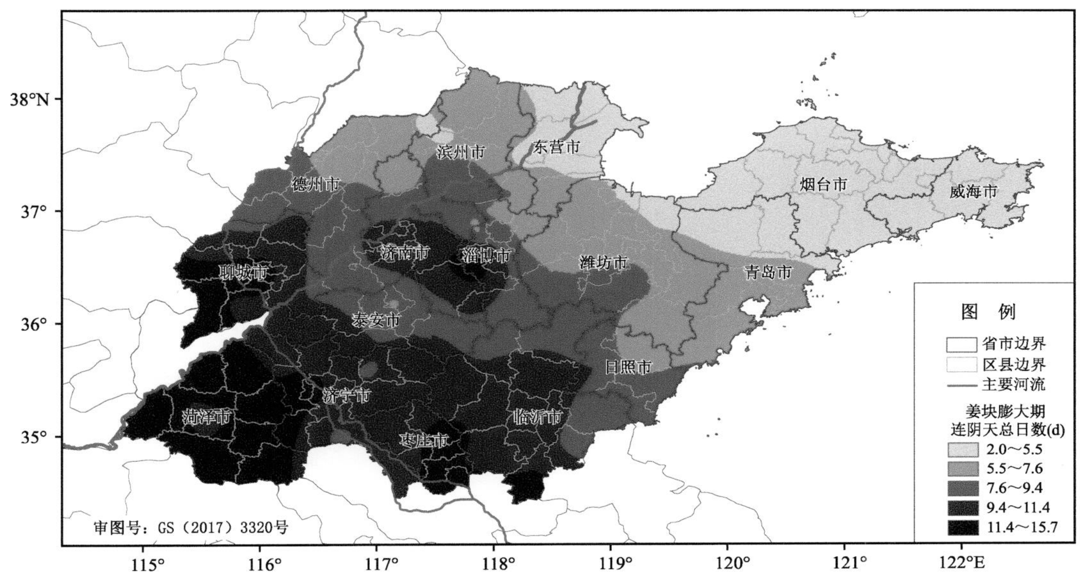

图 7.4　山东省姜块膨大期连阴天总日数空间分布

可以看出，山东省姜块膨大期连阴天总日数整体上自西南向东北逐渐降低，鲁南及鲁中地区姜块膨大期连阴天总日数较多，鲁西北及半岛地区姜块膨大期连阴天总日数相对较少。具体为：姜块膨大期连阴天总日数全省平均值约为 8.3 d；高值区主要分布在菏泽市、济宁市、枣庄市、临沂市、日照市、聊城市、济南市等地，最高值为 15.7 d；低值区主要分布在威海市、烟台市、青岛市、东营市、潍坊市等地，最低值为 2.0 d。

将山东省姜块膨大期连阴天总日数采用自然分级法分为 5 级，分别为：2.0～5.5 d、5.5～7.6 d、7.6～9.4 d、9.4～11.4 d、11.4～15.7 d。姜块膨大期连阴天总日数最少（2.0～5.5 d）的区域要分布在青岛市的平度市、莱西市等地，威海市文登市、荣成市、乳山市、环翠区等地，烟台市龙口市、莱阳市、莱州市、蓬莱区、招远市、栖霞市、海阳市等地，东营市东营区、垦利区、利津县、广饶县等地，面积约占全省总面积的 20.2%。姜块膨大期连阴天总日数在 5.5～7.6 d 范围内的区域主要分布在滨州市无棣县、沾化县等地，德州市陵城区、宁津县、乐陵市等地，潍坊市寿光市、昌乐县、青州市、高密市、寒亭区、潍城区、坊子区、奎文区、诸城市、高密市等地，青岛市即墨区、胶州市、黄岛区、崂山区等地，面积约占全省总面积的 21.0%。姜块膨大期连阴天总日数在 7.6～9.4 d 范围内的区域主要分布在泰安市岱岳区、肥城市等地，济南市的长清区、济阳区等地，德州市的齐河县等地，日照市莒县、岚山区、东港区等地，潍坊市临朐县、安丘市等地，临沂市沂水县、莒南县、蒙阴县等地，面积约占全省总面积的 22.1%。姜块膨大期连阴天总日数在 9.4～11.4 d 范围内的区域主要分布在济宁市邹城市、汶上县、兖州区、梁山县、鱼台县、微山县、泗水县等地，日照市滕州市、山亭区等地，临沂市莒南县、费县、兰陵县、平邑县、沂南县、岚山区、罗庄区等地，聊城市阳谷县、茌平县、高唐县、临清市等地，济南市莱芜区、钢城区、历城区、章丘区等地，面积约占全省总面积的24.0%。姜块膨大期连阴天总日数最多(11.4～15.7 d)的区域主要分布在枣庄市台儿庄区，菏泽市曹县、单县、成武县、巨野县、郓城县、鄄城县、定陶区、东明县等地，聊城市莘县、冠县等地，面积约占全省总面积的12.7%。

（四）10月初霜冻日期(＜2 ℃)空间分布

生姜不耐寒、不耐霜，初霜到来茎叶便遇霜枯死，根茎被迫进入休眠，因此初霜日太早，会缩短生姜生育期，影响生姜产量。因此，本书在计算气候适宜性指数时，将此因子进行极大值标准化。山东省10月初霜日期(第一次日最低温度低于2 ℃的日期)空间分布如图7.5所示。

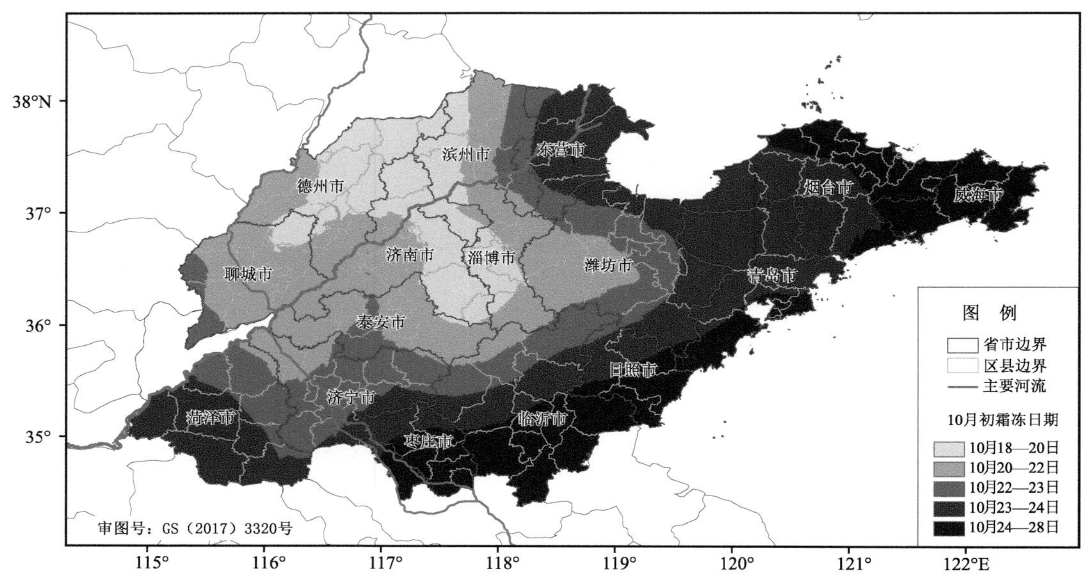

图7.5　山东省10月初霜冻日期空间分布

可以看出，山东省10月初霜冻日期整体上自东南向西北逐渐变早，鲁南和半岛地区10月初霜冻日期出现较晚，鲁西北及鲁中部分地区10月初霜冻日期出现相对较早。具体为：10月初霜冻日期较晚的地区主要分布的威海市、烟台市、青岛市、济宁市、枣庄市、临沂市、日照市、菏泽市、东营市等地，最晚为10月28日；10月初霜冻日期较早主要分布在聊城市、德州市、滨州市、淄博市、潍坊市、济南市等地，最早为10月18日。

将山东省10月初霜冻日期采用自然分级法分为5级，分别为：10月18—20日、10月20—22日、10月22—23日、10月23—24日、10月24—28日。10月初霜冻出现最早(10月18—20日)的区域分布在滨州市阳信县、惠民县等地，德州市陵城区、宁津县、庆云县、临邑县、平原县、乐陵市、禹城市等地，济南市莱芜区、钢城区等地，淄博市淄川区、博山区等地，面积约占全省总面积的12.1%。10月初霜冻出现时间在10月20—22日范围内的区域分布在聊城市莘县、阳谷县、茌平县、临清市等地，济宁市梁山县、汶上县等地，泰安市肥城市、新泰市、岱岳区等地，济南市长清区、历城区等地，潍坊市临朐县、昌乐县、青州市等地，面积约占全省总面积的23.7%。10月初霜冻出现时间10月22—23日范围内的区域分布在菏泽市巨野县、郓城县、鄄城县等地，济宁市金乡县、鱼台县、兖州区、嘉祥县、任城区、曲阜市、泗水县等地，潍坊市安丘市、坊子区、寒亭区、寿光市、奎文区等地，面积约占全省总面积的16.5%。10月初霜冻出现时间10月23—24日范围内的区域分布在青岛市平度市、即墨市、莱西市、胶州市、崂山区等地，烟台市栖霞市、招远市、莱州市、莱阳市等地，东营市河口区、垦利区、东营区、利津县等地，潍坊市诸城市、高密市、昌邑市等地，菏泽市曹县、单县、东明县、牡丹区、定陶区等地，临沂市费县、山亭区、沂南县等地，面积约占全省总面积的29.1%。10月初霜冻出现时间最晚(10月24—28日)的区域分布在威海市的乳山市、文登区、荣成市、环翠区等地，烟台市蓬莱区、龙口市等地，日照市的东港区、岚山区等地，枣庄市的台儿庄区、薛城区等地，临沂市郯城县、临沭县、罗庄区、莒南县、兰陵县等地，面积约占全省总面积的18.6%。

二、生姜气候适宜性区划

将影响生姜生长发育的关键气候因子进行累加，其表达式为：

$$Y_{气候} = \sum_{i=1}^{4} \lambda_i X_i \qquad (i = 1,2,3,4) \tag{7.1}$$

式中，$Y_{气候}$表示生姜气候适宜性指数，X_i为气候因子，λ_i为权重。将气候因子标准化后乘以对应权重进行空间叠加，得到最终气候适宜性区划结果。采用自然分级法进行分级，得到生姜气候适宜性区划结果如图7.6所示。

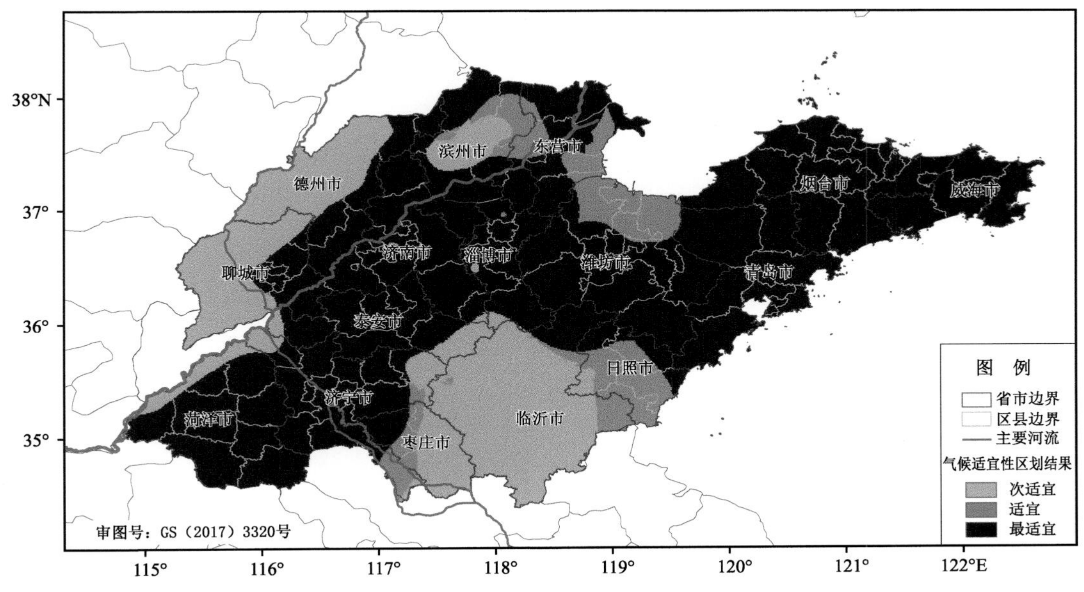

图7.6　山东省生姜气候适宜性区划结果空间分布

山东省生姜气候适宜性区划结果显示，生姜适宜性区划结果总体呈现中间高四周低的趋势。最适宜区分布范围较广，主要分布在：菏泽市、济宁市、潍坊市、济南市、淄博市、泰安市大部分地区，烟台市、威海市、青岛市，以及日照市、聊城市、德州市、滨州市和东营市部分地区，面积约占全省总面积的68.0%；适宜区仅分布在日照市、潍坊市、东营市和枣庄市部分地区，面积约占全省总面积的8.7%；较适宜区分布在临沂市，聊城市和德州市大部，以及枣庄市、滨州市、济南市等地部分地区，面积占比约为23.3%。

第三节 综合区划

将气候适宜性区划结果、地形适宜性区划结果和土壤适宜性区划结果标准化后进行空间叠加，得到生姜精细化农业气候资源区划综合结果，其计算公式为：

$$Y = \lambda_1 Y_{气候} + \lambda_2 Y_{地形} + \lambda_3 Y_{土壤} \tag{7.2}$$

式中，Y 为农业气候资源综合指数，$\lambda_1 = 0.70$，$\lambda_2 = 0.15$，$\lambda_3 = 0.15$。采用自然分级法进行分级，得到山东省生姜精细化农业气候资源区划结果图 7.7 所示。

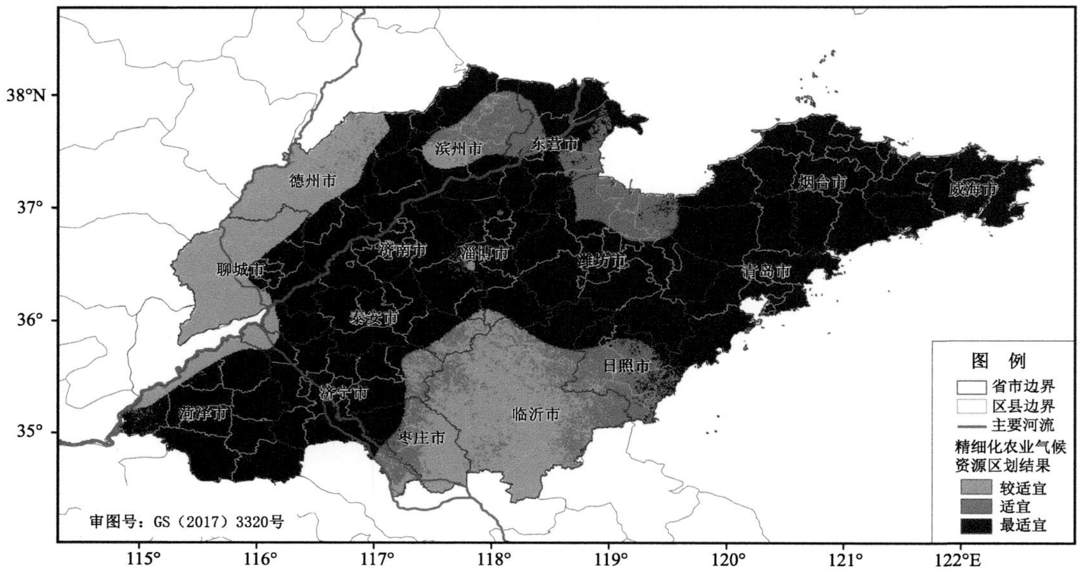

图 7.7 山东省生姜精细化农业气候资源区划结果空间分布

综合气候、地形、土壤三大因子，可以看出，山东生姜适宜性较好，大部分区域均为最适宜和适宜。区划结果整体呈现中间高四周低的趋势。最适宜主要分布在：潍坊市、济南市、淄博市、泰安市、菏泽市和济宁市大部，烟台市、威海市和青岛市，以及聊城市、德州市、滨州市和东营市部分地区。较适宜区主要分布在临沂市、聊城市和德州市大部，以及枣庄市和滨州市部分地区。其他地区为适宜区。最适宜、适宜、较适宜分别占全省面积的 68.2%、10.8%、21.0%。

为了使区划更加精确，在考虑气候、地形和土壤三大因子区划的基础上，进一步考虑山东省的土地利用类型，将水域、城乡、工矿、居民用地等土地利用类型区域剔除，得到山东生姜精细化农业气候资源综合区划(图 7.8)。

由图 7.8 可以看出，最适宜区主要分布在：潍坊市、济南市、淄博市、泰安市、菏泽市、济宁市和青岛市大部，烟台市和威海市，以及聊城市、德州市、滨州市、东营市和枣庄市等地部分地区，面积约占全省总面积的 52.3%；较适宜区主要分布在临沂市、枣庄市、聊城市、德州市等部分地区，面积约占全省总面积的 16.5%；其他地区为适宜区，面积占比约为 7.7%。

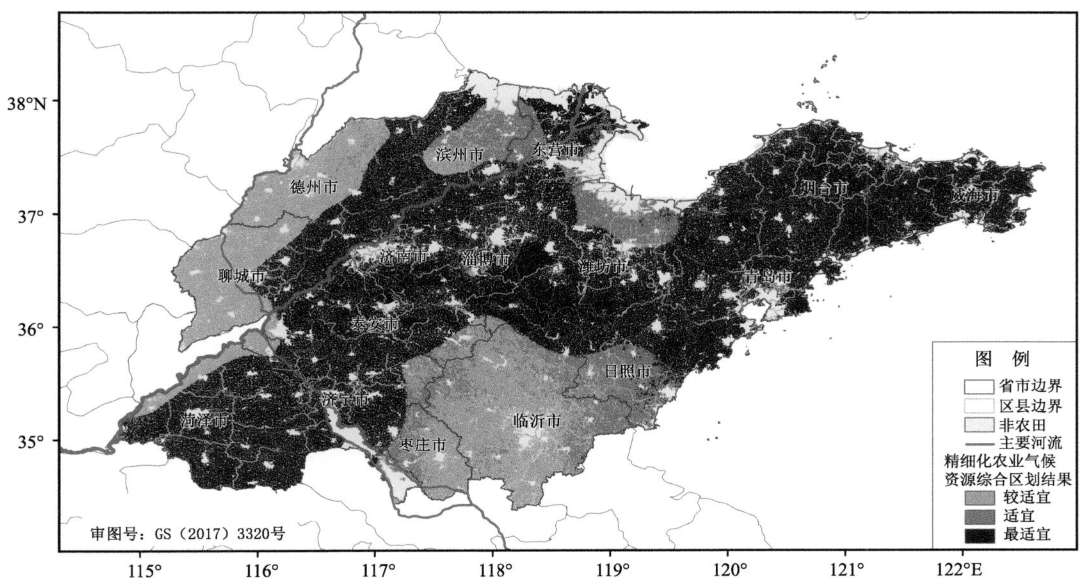

图 7.8　山东省生姜精细化农业气候资源综合区划结果空间分布

第八章　大蒜精细化农业气候资源区划

第一节　区划因子选择与权重

一、区划因子选择

大蒜为多年生草本植物，百合科葱属，以鳞茎入食入药。山东是中国大蒜主要产地，济宁市金乡县等地被誉为“中国大蒜之乡”。大蒜具备调味、保健等多种功效。山东大蒜一般于上年10月播种，次年6月收获，主要发育期包括播种出苗期、分枝期、姜块膨大期、成熟收获期。

温度是农作物生长发育过程中不可缺少的重要气候条件。大蒜为喜冷凉作物，其发芽及幼苗时期对温度条件的要求较低，尤其是幼苗时期能够耐－7 ℃低温天气，大蒜种子发芽、幼苗生长最适宜的温度为10 ℃。大蒜发芽及幼苗时期温度过高，将会对植株生长进程产生严重影响，会增强大蒜的呼吸作用，对养分的消耗量显著增多。花芽分化最适宜的环境温度在15 ℃左右，抽薹最适宜的环境温度为18 ℃，温度为20～25 ℃时有利于促进蒜头膨大。

充分考虑山东省的大蒜生产和农业气象条件，提出山东省大蒜精细化农业气候区划指标。选取播种期稳定通过16 ℃终日、越冬期最低气温≤－10 ℃日数、返青期最低气温≤0 ℃日数、鳞芽膨大期到成熟期最高气温≥25 ℃日数4个气候要素作为大蒜精细化农业气候区划的因子。选取海拔高度、坡度、坡向3个地形要素作为大蒜农业地形区划因子，选取土壤质地、土壤类型和土壤腐殖质厚度3个土壤要素作为大蒜农业土壤区划因子。

二、因子权重

以气候区划因子为例，采用层次分析法（AHP）赋予不同因子权重，计算过程如下。

第一步：构建判断矩阵。

根据蒜生育期各气候因子对蒜生长的影响，将播种期稳定通过16 ℃终日、越冬期最低气温≤－10 ℃日数、返青期最低气温≤0 ℃日数、鳞芽膨大期到成熟期最高气温≥25 ℃日数分别赋值为1～3，构成判别矩阵：

	Ⅰ	Ⅱ	Ⅲ	Ⅳ
Ⅰ	1	2	3	3
Ⅱ	1/2	1	2	2
Ⅲ	1/3	1/2	1	1
Ⅳ	1/3	1/2	1	1

注：矩阵中，Ⅰ. 播种期稳定通过 16 ℃终日，Ⅱ. 越冬期最低气温≤－10 ℃日数，Ⅲ. 返青期最低气温≤0 ℃日数，Ⅳ. 鳞芽膨大期到成熟期最高气温≥25 ℃日数。

第二步：根据和积法，将判断矩阵归一化。过程为将每一列中的每一个数除以这一列的总和，得到标准化矩阵：

	Ⅰ	Ⅱ	Ⅲ	Ⅳ
Ⅰ	0.462	0.500	0.429	0.429
Ⅱ	0.231	0.250	0.286	0.286
Ⅲ	0.154	0.125	0.146	0.143
Ⅳ	0.154	0.125	0.143	0.143

第三步：计算各因子权重。将新矩阵求和列数据加和，数值为 4，将求和列中每个数除以 4，即得到各因子的权重。如播种期稳定通过 16 ℃终日，其权重为 0.455，其他各因子权重如矩阵：

	Ⅰ	Ⅱ	Ⅲ	Ⅳ	求和	权重
Ⅰ	0.462	0.500	0.429	0.429	1.819	0.455
Ⅱ	0.231	0.250	0.286	0.286	1.052	0.263
Ⅲ	0.154	0.125	0.146	0.143	0.565	0.141
Ⅳ	0.154	0.125	0.143	0.143	0.565	0.141

第四步：进行矩阵一致性检验。

将判断矩阵每一行与对应因子的权重相乘后求和，求出各气候因子的 *AW* 值(表 8.4)。基于公式(1.8)，计算最大特征根 $\lambda_{max}=4$，查找平均随机一致性指标表 1.2 对应的 RI＝0.90，基于公式(1.9)计算一致性指标 CI＝0.003，CR＝CI/RI，CR＝0.004＜0.10，通过检验。因此，确定为播种期稳定通过 16 ℃终日、越冬期最低气温≤－10 ℃日数、返青期最低气温≤0 ℃日数、鳞芽膨大期到成熟期最高气温≥25 ℃日数 4 个因子的权重分别为 0.455、0.263、0.141、0.141。

	Ⅰ	Ⅱ	Ⅲ	Ⅳ	权重	*AW*
Ⅰ	0.462	0.500	0.429	0.429	0.455	1.828
Ⅱ	0.231	0.250	0.286	0.286	0.263	1.055
Ⅲ	0.154	0.125	0.146	0.143	0.141	0.565
Ⅳ	0.154	0.125	0.143	0.143	0.141	0.565

最后，大蒜精细化农业气候资源区划因子的权重如下。

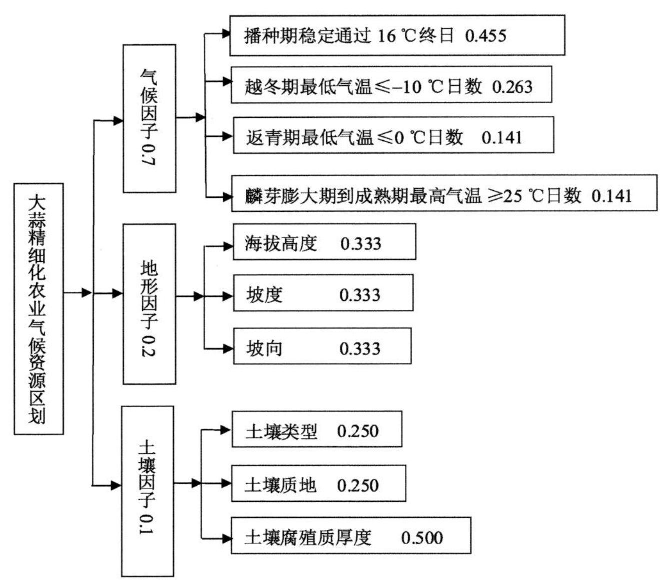

图 8.1 山东省大蒜精细化农业气候资源区划因子及权重

第二节 气候因子

一、大蒜气候适宜性区划因子空间分布

(一)鳞芽膨大期到成熟期最高气温≥25 ℃日数空间分布

鳞芽膨大期到成熟期积温对大蒜有很大的影响,大蒜为喜冷凉作物,温度为 20～25 ℃时有利于促进蒜头膨大。鳞芽膨大期到成熟期最高气温≥25 ℃日数越多,越不利于大蒜的种植,因此本书在计算气候适宜性指数时,对此因子进行极小值标准化。山东省大蒜鳞芽膨大期到成熟期最高气温≥25 ℃日数空间分布如图 8.2 所示。

可以看出,山东省大蒜鳞芽膨大期到成熟期最高气温≥25 ℃日数整体上自西向东逐渐降低,大蒜鳞芽膨大期到成熟期最高气温≥25 ℃日数仅在半岛部分地区较少,其他地区大蒜鳞芽膨大期到成熟期最高气温≥25 ℃日数相对较多。具体为:大蒜鳞芽膨大期到成熟期最高气温≥25 ℃日数全省平均值约为 22.6 d;高值区主要分布在聊城市、德州市、滨州市、东营市,菏泽市、济宁市、枣庄市、临沂市,泰安市、济南市、淄博市、潍坊市、青岛市、烟台市等地,最高值为 26.2 d;低值区主要分布在威海市、青岛市、日照市等地,最低值为 1.6 d。

将山东省大蒜鳞芽膨大期到成熟期最高气温≥25 ℃日数采用自然分级法分为 5 级,分别为:1.6～11.2 d、11.2～16.2 d、16.2～20.3 d、20.3～23.6 d、23.6～26.2 d。大蒜鳞芽膨大期到成熟期最高气温≥25℃日数最少(1.6～11.2 d)的区域分布在山东省威海市的荣成区,面积约占全省总面积的 1.4%。大蒜鳞芽膨大期到成熟期最高气温≥25 ℃日数在 11.2～16.2 d

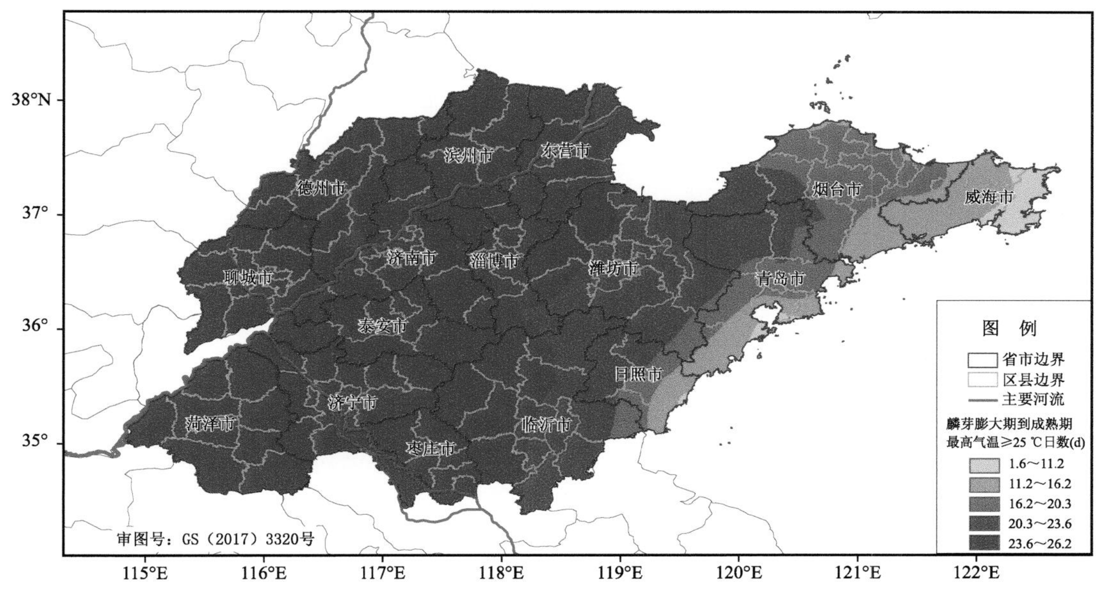

图 8.2　山东省大蒜鳞芽膨大期到成熟期最高气温≥25 ℃日数

范围的区域内分布在威海市文登区、乳山区、环翠区，青岛市海阳市、黄岛市，日照市东港区等地，面积约占全省总面积的 6.6%。大蒜鳞芽膨大期到成熟期最高气温≥25℃日数在 16.2～20.3 d 范围内的区域分布在烟台市栖霞市、蓬莱区、龙口市等地，青岛市莱阳市、即墨区、胶州市等地，面积约占全省总面积的 9.8%。大蒜鳞芽膨大期到成熟期最高气温≥25 ℃日数在 20.3～23.6 d 范围内的区域分布在青岛市的平度市、莱西市等地，潍坊市坊子区、奎文区、昌邑市、安丘市、寒亭区等地，日照市莒县，临沂市郯城县、临沭县、河东区等地，面积约占全省总面积的 19.6%。大蒜鳞芽膨大期到成熟期最高气温≥25 ℃日数最多(23.6～26.2 d)的区域分布在菏泽市的曹县、单县、成武县、巨野县、郓城县、鄄城县、定陶县、东明县等地，聊城市的阳谷县、莘县、茌平县、东阿县、冠县、高唐县、临清市等地，德州市的陵城区、宁津县、庆云县、临邑县、齐河县、平原县、夏津县、武城县、乐陵市、禹城市等地，滨州市的惠民县、阳信县、无棣县、沾化县等地，东营市的东营区、利津县、广饶县等地，淄博市的桓台县、高青县、沂源县等地，济宁市的微山县、鱼台县、金乡县、嘉祥县、汶上县、泗水县、梁山县、曲阜市、兖州市、邹城市等地，泰安市的宁阳县、东平县、新泰市、肥城市等地，面积约占全省总面积的 62.6%。

(二)返青期最低气温≤0 ℃日数空间分布

大蒜返青期最低气温≤0 ℃时，会影响花芽蒜瓣分化和抽薹。所以大蒜返青期最低气温≤0 ℃日数越多，对大蒜生长发育越不利，因此本书在计算气候适宜性指数时，对此因子进行极小值标准化。山东省大蒜返青期≤0 ℃日数分布如图 8.3 所示。

可以看出，山东省大蒜返青期≤0 ℃日数整体上自东北向西南逐渐降低，鲁西北、鲁中及半岛地区大蒜返青期≤0 ℃日数较多，鲁南地区大蒜返青期≤0 ℃日数较少。具体为：大蒜返青期≤0 ℃日数全省平均值约为 9.4 d；高值区主要分布在东营市、滨州市、德州市，潍坊市、日照市、淄博市，青岛市、威海市、烟台市等地，最高值为 14.4 d；低值区主要分布在菏泽市、济宁

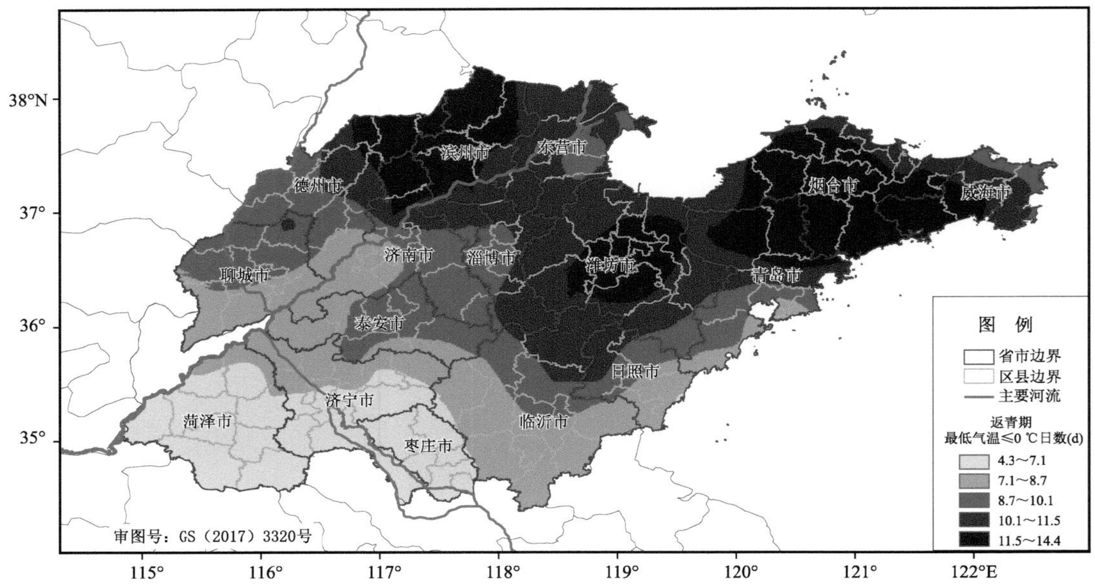

图 8.3 山东省大蒜返青期≤0 ℃日数空间分布

市、临沂市等地，最低值为 4.3 d。

将山东省大蒜返青期≤0 ℃日数采用自然分级法分为 5 级，分别为：4.3～7.1 d、8.7～10.1 d、10.1～11.5 d、11.5～14.4 d。大蒜返青期≤0 ℃日数最少(4.3～7.1 d)的区域分布在菏泽市的曹县、单县、成武县、巨野县、郓城县、鄄城县、定陶县、东明县等地，济宁市的鱼台县、金乡县、邹城市、任城区等地，枣庄市台儿庄区、滕州市、山亭区等地，面积约占全省总面积的 14.3%。大蒜返青期≤0 ℃日数在 7.1～8.7 d 范围内的区域分布在临沂市的费县、兰陵县、郯城县、平邑县、临沭县，聊城市莘县、阳谷县等地，泰安市的东平县、肥城市等地，济南市长清区、历城区，德州的齐河县等地，日照市的东港区、岚山区等地，面积约占全省总面积的 19.4%。大蒜返青期≤0 ℃日数在 8.7～10.1 d 范围内的区域分布在聊城市的冠县、茌平县、临清市、高唐县等地，德州市夏津县、平原县、禹城市、武城县、德城区等地，济南市莱芜区、钢城区等地，淄博市的淄川区、张店区等地，泰安市的岱岳区、泰山区等地，面积约占全省总面积的 20.8%。大蒜返青期≤0 ℃日数在 10.1～11.5 d 范围内的区域分布在东营市的河口区、利津区等地，滨州市的滨城区，德州市的陵城区、临邑县等地，淄博市的高青县、桓台县等地，潍坊市的寿光市、青州市、高密市、临朐县等地，面积约占全省总面积的 24.9%。大蒜返青期≤0 ℃日数最多(11.5～14.4 d)的区域分布在滨州市的惠民县、阳信县、无棣县、沾化县等地，德州市的乐陵市，济南市的商河县等地，威海市文登区、乳山市等地，烟台市栖霞市、莱阳市、海阳市、招远市、龙口市，青岛市的莱西市、平度市等地，潍坊市的昌乐县、安丘市、坊子区、寒亭区、昌邑市、奎文区等地，面积约占全省总面积的 20.6%。

(三)播种期稳定通过 16 ℃终日空间分布

大蒜开花至吐絮生物学最低温度是 16～18 ℃，低于 16 ℃光合作用和有机物质转运受阻，并影响大蒜纤维质量，即大蒜播种期稳定通过 16 ℃终日越早，对大蒜生长发育越有利。因此，本书在计算气候适宜性指数时，对此因子进行极小值标准化。山东省稳定通过 16 ℃终日空间分布如图 8.4 所示。

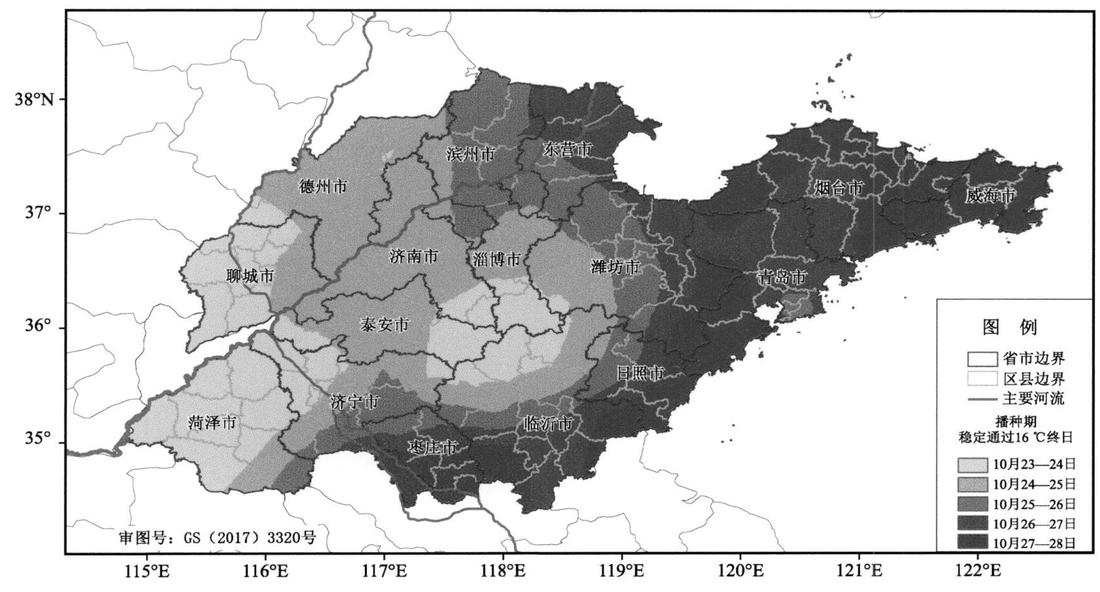

图 8.4 山东省稳定通过 16 ℃终日空间分布

可以看出，山东省稳定通过 16 ℃终日整体上自东向西逐渐降低，半岛和鲁南部分地区较晚，鲁中、鲁西北和鲁南西部部分地区较早。具体为：稳定通过 16 ℃终日较晚地区主要分布在青岛市、威海市、烟台市、枣庄市、临沂市、日照市等地，全省最晚为 10 月 28 日；较早地区主要分布在聊城市、德州市、滨州市、菏泽市、济宁市、济南市、淄博市等地，最早为 10 月 23 日。

将山东省稳定通过 16 ℃终日采用自然分级法分为 5 级，分别为：10 月 23—24 日、10 月 24—25 日、10 月 25—26 日、10 月 26—27 日、10 月 27—28 日，山东省稳定通过 16℃终日最早(10 月 23—24 日)的区域分布在菏泽市曹县、成武县、巨野县、郓城县、鄄城县、定陶县、东明县等地，聊城市阳谷县、莘县、茌平县、冠县、高唐县、临清市等地，淄博市沂源县，临沂市蒙阴县，泰安市新泰市等地，面积约占全省总面积的 18.9%。稳定通过 16 ℃终日在 10 月 24—25 日范围内的区域分布在德州市陵城区、宁津县、庆云县、临邑县、齐河县、平原县、武城县、乐陵市、禹城市等地，淄博市淄川区、临淄区、桓台县等地，泰安市宁阳县、肥城市、岱岳区等地，潍坊市临朐县、青州市等地，面积约占全省总面积的 28.2%。稳定通过 16 ℃终日在 10 月 25—26 日范围内的区域分布在滨州市惠民县、无棣县、沾化县、博兴县、滨城区等地，东营市广饶县，潍坊市寿光市、寒亭区、安丘市等地，济宁市邹城市、鱼台县等地，面积约占全省总面积的 16.0%。稳定通过 16 ℃终日在 10 月 26—27 日范围内的区域分布在东营市的河口区、垦利区、利津县等地，潍坊市昌邑市、奎文区、坊子区等地，青岛市平度市、即墨市、莱西市、崂山区等地，烟台市栖霞市、莱阳市等地，面积约占全省总面积的 18.0%。稳定通过 16 ℃终日最晚(10 月 27—28 日)的区域分布在威海市的乳山市、文登区、荣成市、环翠区等地，烟台市海阳市、龙口市、蓬莱区等地，青岛市胶州市、黄岛市等地，日照市的东港区、岚山区等地，枣庄市的台儿庄区、薛城区等地，面积约占全省总面积的18.9%。

(四)越冬期最低气温≤－10 ℃日数空间分布

虽然大蒜耐低温，但是在越冬期≤－10 ℃的低温连续超过3 d，大蒜幼苗就会发生冻害，叶片大面积干枯，对抽薹和蒜头生长造成影响。因此，本书在计算气候适宜性指数时，对此因子进行极小值标准化。山东省大蒜越冬期最低气温≤－10 ℃日数空间分布如图8.5所示。

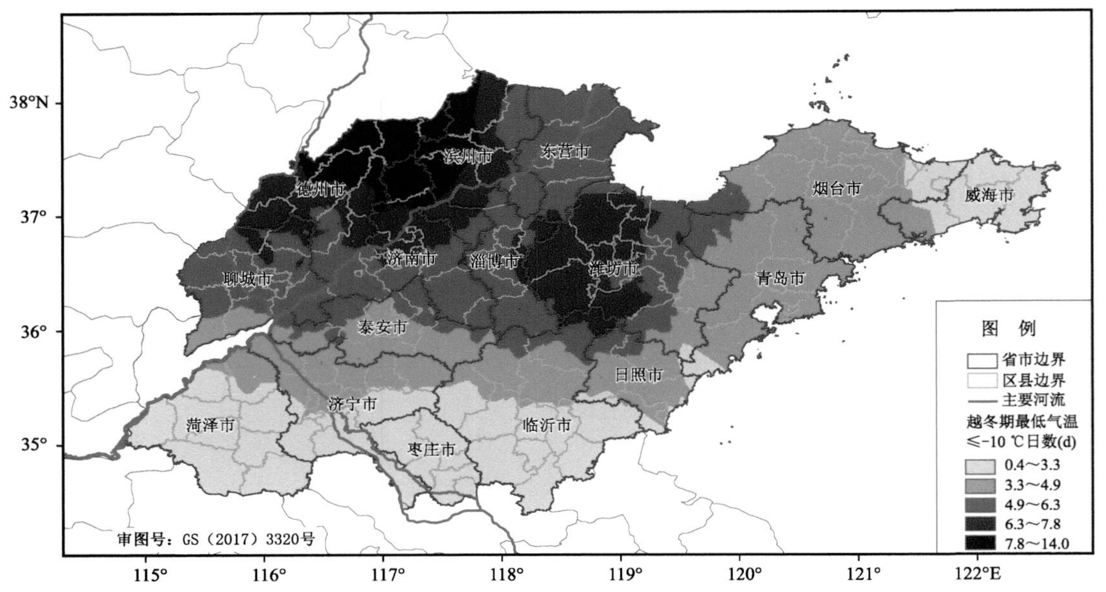

图8.5 山东省大蒜越冬期最低气温≤－10 ℃日数空间分布

可以看出，山东省大蒜越冬期最低气温≤－10 ℃日数整体上自西北向东南逐渐降低，鲁西北地区大蒜越冬期最低气温≤－10 ℃日数较多；鲁南和半岛地区大蒜越冬期最低气温≤－10 ℃日数较少。具体为：大蒜越冬期最低气温≤－10 ℃日数全省平均值约为4.7 d；高值区主要分布在德州市、滨州市、聊城市、潍坊市、淄博市、济南市等地，最高值为14.0 d；低值区主要分布在日照市、青岛市、烟台市、威海市，菏泽市、枣庄市、临沂市、济宁市等地，最低值为0.4 d。

将山东省大蒜越冬期最低气温≤－10 ℃日数采用自然分级法分为5级，分别为：0.4～3.3 d、3.3～4.9 d、4.9～6.3 d、6.3～7.8 d、7.8～14.0 d。大蒜越冬期最低气温≤－10 ℃日数最少(0.4～3.3 d)的区域分布在菏泽市曹县、单县、成武县、巨野县、鄄城县、定陶县、东明县等地，济宁市鱼台县、金乡县、邹城市等地，枣庄市台儿庄区、山亭区等地，临沂市费县、兰陵县、郯城县、临沭县、兰山区、平邑县、莒南县等地，威海市的文登区、荣成区、环翠区等地，面积约占全省总面积的24.6%。大蒜越冬期最低气温≤－10 ℃日数在3.3～4.9 d范围内的区域分布在济宁市梁山县、汶上县、兖州区、泗水县等地，临沂市的蒙阴县、沂南县等地，泰安市宁阳县、新泰市、岱岳区、泰山区等地，青岛市胶州市、即墨市、平度市、莱西市等地，烟台市栖霞市、蓬莱区、龙口市、招远市、莱阳市、海阳市等地，日照市五莲县、莒县、东港区等地，面积约占全省总面积的29.8%。大蒜越冬期最低气温≤－10 ℃日数在4.9～6.3 d范围内的区域分布在东营市河口区、垦利区、利津县、东营区等地，聊城市冠县、临清市、茌平县等地，济南市莱芜区、钢城区等地，淄博市淄川区、张店区等地，面积约占全省总面积的 26.1%。大蒜越冬期最低气温≤−10 ℃日数在 6.3～7.8 d 范围内的区域分布在德州市平原县、武城县、夏津县等地，潍坊市的青州市、临朐县、昌乐县、安丘市、潍城区、寿光市等地，面积约占全省总面积的 13.8%。大蒜越冬期最低气温≤−10 ℃日数最多(7.8～14.0 d)的区域分布在德州市的庆云县、乐陵市、陵城区、宁津县等地，面积约占全省总面积的 5.7%。

二、大蒜气候适宜性区划

将影响大蒜生长发育的关键气候因子进行累加，其表达式为：

$$Y_{气候} = \sum_{i=1}^{4} \lambda_i X_i \qquad (i = 1,2,3,4) \tag{8.1}$$

式中，$Y_{气候}$表示大蒜气候适宜性指数，X_i为气候因子，λ_i为权重。将气候因子标准化后乘以对应权重，进行空间叠加得到最终气候适宜性区划结果。采用自然分级法进行分级，得到大蒜气候适宜性区划结果如图 8.6 所示。

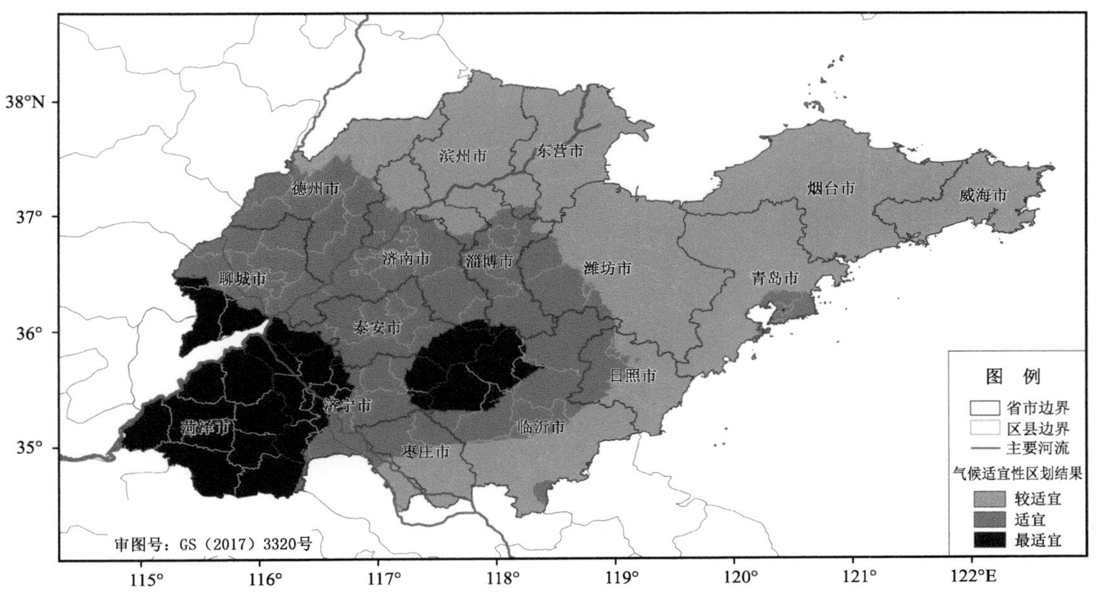

图 8.6　山东省大蒜气候适宜性区划结果空间分布

山东省大蒜气候适宜性区划结果显示，大蒜气候适宜性结果总体呈现由西南向东北逐渐降低的趋势。大蒜种植最适宜区分布在菏泽市以及济宁市、临沂市、聊城市等地部分地区，面积约占全省总面积的 16.7%；适宜区分布在聊城市、泰安市、济南市、德州市、淄博市、济宁市大部，以及枣庄市、临沂市、日照市、潍坊市等地部分地区，面积约占全省总面积的 33.2%；较适宜区分布范围较广，主要分布在东营市、滨州市、潍坊市、威海市、烟台市、青岛市大部，以及枣庄市、临沂市、日照市、德州市、济南市、淄博市等地部分地区，面积占比约为 50.1%。

第三节　综合区划

将气候适宜性区划结果、地形适宜性区划结果和土壤适宜性区划结果标准化后进行空间叠加，得到大蒜精细化农业气候资源区划综合结果，其计算公式为：

$$Y = \lambda_1 Y_{气候} + \lambda_2 Y_{地形} + \lambda_3 Y_{土壤} \tag{8.2}$$

式中，Y 为农业气候资源综合指数，$\lambda_1 = 0.70$，$\lambda_2 = 0.20$，$\lambda_3 = 0.10$。采用自然分级法进行分级，得到山东省大蒜精细化农业气候资源区划结果见图 8.7 所示。

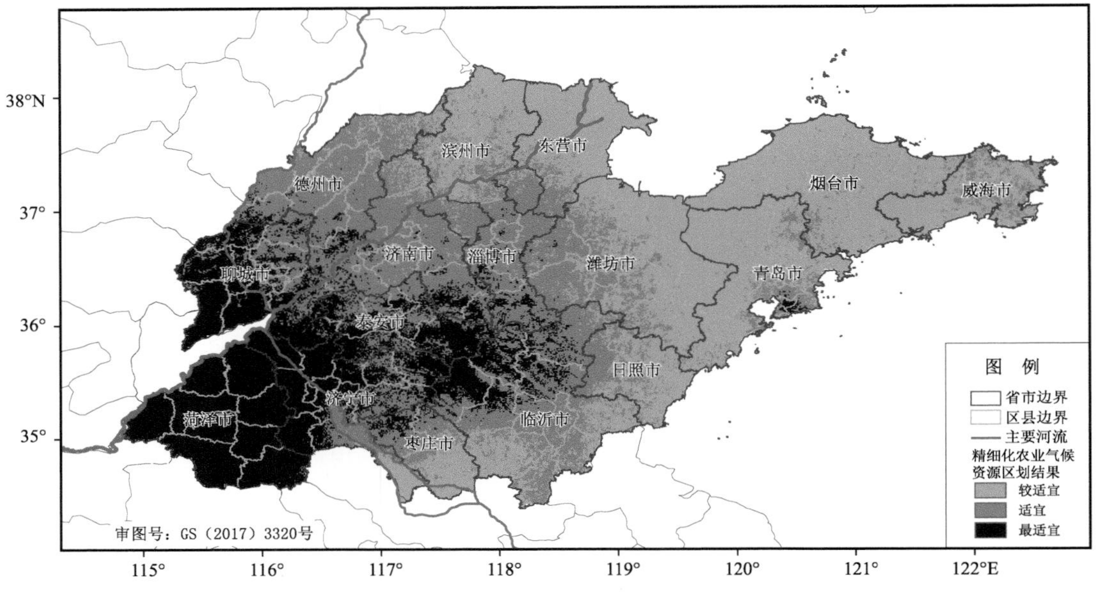

图 8.7　山东省大蒜精细化农业气候资源区划结果空间分布

综合气候、地形和土壤三大因子，可以看出，区划结果整体呈现出西南高东北低的特点。最适宜区主要分布在菏泽市，以及济宁市、聊城市、临沂市和泰安市等地部分地区；适宜区主要分布德州市、济南市、淄博市、临沂市大部，以及泰安市、聊城市、济宁市、枣庄市、日照市、潍坊市等地部分地区；较适宜区主要分布在东营市、滨州市、潍坊市、青岛市、烟台市、威海市大部，以及枣庄市、临沂市、日照市等地部分地区。最适宜、适宜、较适宜区分别占全省面积的 23.5%、37.2%、39.3%。

为了使区划更加精确，在考虑气候、地形、土壤三大因子区划的基础上，进一步考虑山东省的土地利用类型，将水域、城乡、工矿、居民用地等土地利用类型区域剔除，得到山东大蒜精细化农业气候资源综合区划（图 8.8）。

由图 8.8，可以看出，最适宜区主要分布在菏泽市，以及济宁市、聊城市、临沂市和泰安市等地部分地区，面积约占全省总面积的 19.4%；适宜区主要分布在德州市、济南市、淄博市、临沂市、枣庄市、潍坊市等地，面积约占全省总面积的 28.0%；较适宜区主要分布在滨州市、东营市、青岛市、烟台市、威海市等地，面积约占全省总面积的 29.1%。

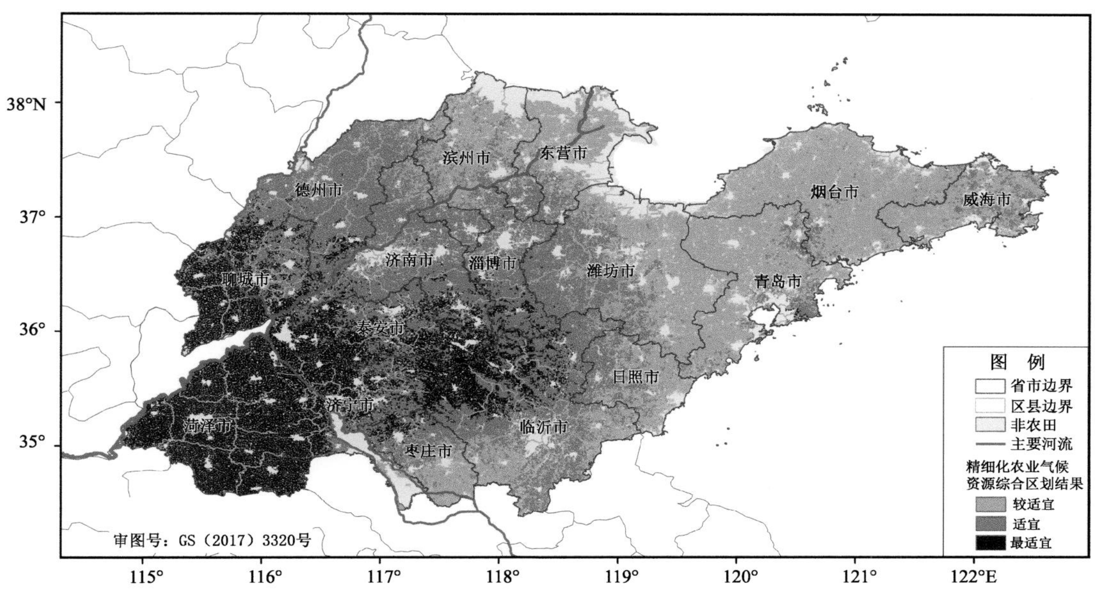

图 8.8　山东省大蒜精细化农业气候资源综合区划结果空间分布

第九章　苹果精细化农业气候资源区划

第一节　区划因子选择与权重

一、区划因子选择

苹果是山东省的主要经济作物之一，产量及种植面积均位居全国第二，是中国苹果生产重要传统优势产区。苹果的生育期主要包括花芽分化期、开花期、果实膨大期、成熟期。山东省苹果一般于12月上中旬开始越冬，9下旬至11月开始成熟收获。

苹果适宜的温度范围是年平均气温7～14 ℃，冬季极端低温不低于－12℃，夏季最高月平均气温不高于20 ℃，≥10 ℃年活动积温5000 ℃・d左右，生长季节(4—10月)平均气温12～18 ℃。苹果年需降雨量500 mm以上，山东省降水量分布不均，春季干旱，降水量不足，因此在建园选地时，必须考虑到灌溉条件和保墒措施，同时也要注意雨季排水措施。苹果树是喜光树种，光照充足才能正常生长。日照不足则引起一系列反应，如枝叶徒长、软弱、抗病虫力差，花芽分化少，营养贮存少，开花坐果率低，根系生长也受影响，果实含糖量低，上色也不好。

充分考虑山东省的苹果生产和农业气象条件，提出山东省苹果精细化农业气候区划指标。选取年平均日照时数、年平均降水量、夏季平均气温日较差、年平均气温、生长季≥10 ℃活动积温、最冷月平均气温、夏季平均气温、夏季平均相对湿度8个气候要素作为苹果精细化农业气候区划的因子。选取海拔高度、坡度、坡向3个地形要素作为苹果农业地形区划因子，选取土壤质地、土壤类型和土壤腐殖质厚度3个土壤要素作为苹果农业土壤区划因子。

二、因子权重

以气候区划因子为例，采用层次分析法(AHP)赋予不同因子权重，计算过程如下。

第一步：构建判断矩阵。

根据苹果生育期各气候因子对苹果生长的影响，将年平均日照时数、年平均降水量、夏季平均气温日较差、年平均气温、生长季≥10 ℃活动积温、最冷月平均气温、夏季平均气温和夏季平均相对湿度分别赋值1～5，构成判别矩阵：

	Ⅰ	Ⅱ	Ⅲ	Ⅳ	Ⅴ	Ⅵ	Ⅶ	Ⅷ
Ⅰ	1	1	2	2	3	4	4	5
Ⅱ	1	1	1	2	3	3	4	4
Ⅲ	1/2	1	1	2	2	3	3	4
Ⅳ	1/2	1/2	1/2	1	2	2	2	3
Ⅴ	1/3	1/3	1/2	1/2	1	1	1	2
Ⅵ	1/4	1/3	1/3	1/2	1	1	1	1
Ⅶ	1/4	1/4	1/3	1/2	1	1	1	1
Ⅷ	1/5	1/4	1/4	1/3	1/2	1	1	1

注：矩阵中，Ⅰ．年平均日照时数，Ⅱ．年平均降水量，Ⅲ．夏季平均气温日较差，Ⅳ．年平均气温，Ⅴ．生长季≥10 ℃活动积温，Ⅵ．最冷月平均气温，Ⅶ．夏季平均气温，Ⅷ．夏季平均相对湿度。

第二步：根据和积法，将判断矩阵归一化。过程为将每一列中的每一个数除以这一列的总和，得到标准化矩阵：

	Ⅰ	Ⅱ	Ⅲ	Ⅳ	Ⅴ	Ⅵ	Ⅶ	Ⅷ
Ⅰ	0.248	0.214	0.338	0.226	0.222	0.250	0.235	0.238
Ⅱ	0.248	0.214	0.169	0.226	0.222	0.188	0.235	0.190
Ⅲ	0.124	0.214	0.169	0.226	0.148	0.188	0.176	0.190
Ⅳ	0.124	0.107	0.085	0.113	0.148	0.125	0.118	0.143
Ⅴ	0.083	0.071	0.085	0.057	0.074	0.063	0.059	0.095
Ⅵ	0.062	0.071	0.056	0.057	0.074	0.063	0.059	0.048
Ⅶ	0.062	0.054	0.056	0.057	0.074	0.063	0.059	0.048
Ⅷ	0.050	0.054	0.042	0.038	0.037	0.063	0.059	0.048

第三步：计算各因子权重。将新矩阵求和列数据加和，数值为 8，将求和列中每个数除以 8，即得到各因子的权重。如年日照时数，其权重为 0.247，其他各因子权重如矩阵：

	Ⅰ	Ⅱ	Ⅲ	Ⅳ	Ⅴ	Ⅵ	Ⅶ	Ⅷ	求和	权重
Ⅰ	0.248	0.214	0.338	0.226	0.222	0.250	0.235	0.238	1.972	0.247
Ⅱ	0.248	0.214	0.169	0.226	0.222	0.188	0.235	0.190	1.693	0.212
Ⅲ	0.124	0.214	0.169	0.226	0.148	0.188	0.176	0.190	1.436	0.180
Ⅳ	0.124	0.107	0.085	0.113	0.148	0.125	0.118	0.143	0.962	0.120
Ⅴ	0.083	0.071	0.085	0.057	0.074	0.063	0.059	0.095	0.586	0.073
Ⅵ	0.062	0.071	0.056	0.057	0.074	0.063	0.059	0.048	0.489	0.061
Ⅶ	0.062	0.054	0.056	0.057	0.074	0.063	0.059	0.048	0.472	0.059
Ⅷ	0.050	0.054	0.042	0.038	0.037	0.063	0.059	0.048	0.389	0.049

第四步：进行矩阵一致性检验。

将判断矩阵每一行与对应因子的权重相乘后求和，求出各气候因子的 AW 值。基于公式(1.8)，计算最大特征根 $\lambda_{max}=8.091$，查找平均随机一致性指标表 1.2 对应的 RI＝1.47，基于公式(1.9)计算一致性指标 CI＝0.013，CR＝CI/RI，CR＝0.009＜0.10，通过检验。因此，确定为年平均日照时数、年平均降水量、夏季平均气温日较差、年平均气温、生长季≥10 ℃活动积温、最冷月平均气温、夏季平均气温、夏季平均相对湿度 8 个因子的权重分别为 0.247、0.212、

0.180、0.120、0.073、0.061、0.059、0.049。

	Ⅰ	Ⅱ	Ⅲ	Ⅳ	Ⅴ	Ⅵ	Ⅶ	Ⅷ	权重	AW
Ⅰ	0.248	0.214	0.338	0.226	0.222	0.250	0.235	0.238	0.247	2.001
Ⅱ	0.248	0.214	0.169	0.226	0.222	0.188	0.235	0.190	0.212	1.712
Ⅲ	0.124	0.214	0.169	0.226	0.148	0.188	0.176	0.190	0.180	1.456
Ⅳ	0.124	0.107	0.085	0.113	0.148	0.125	0.118	0.143	0.120	0.972
Ⅴ	0.083	0.071	0.085	0.057	0.074	0.063	0.059	0.095	0.073	0.593
Ⅵ	0.062	0.071	0.056	0.057	0.074	0.063	0.059	0.048	0.061	0.494
Ⅶ	0.062	0.054	0.056	0.057	0.074	0.063	0.059	0.048	0.059	0.476
Ⅷ	0.050	0.054	0.042	0.038	0.037	0.063	0.059	0.048	0.049	0.393

最后，苹果精细化农业气候资源区划因子的权重如下。

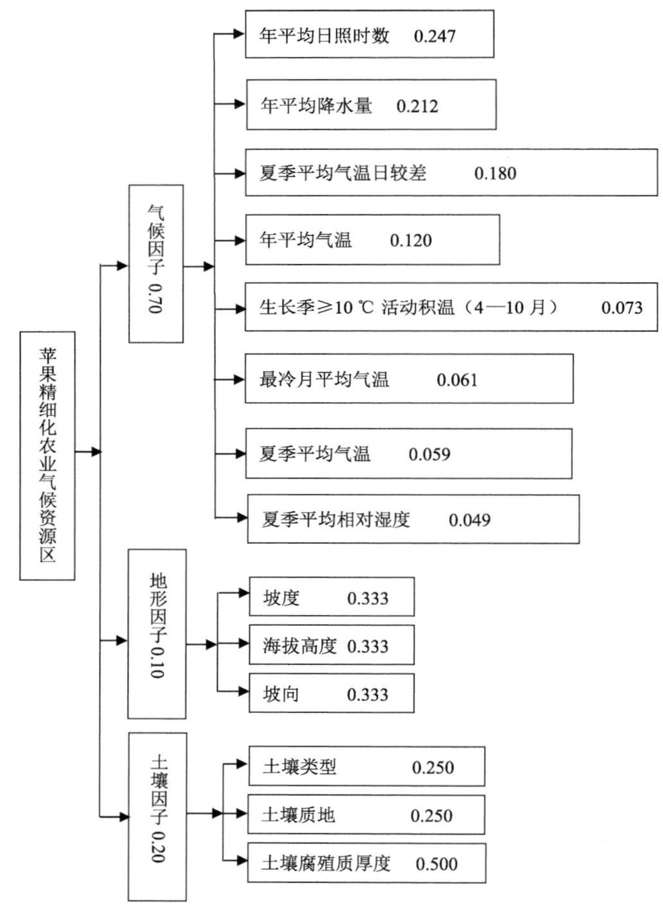

图 9.1 山东省苹果精细化农业气候资源区划因子及权重

第二节　气候因子

一、苹果气候适宜性区划因子空间分布

(一)年平均日照时数空间分布

苹果树是喜光树种,光照充足才能正常生长。日照不足,则引起一系列反应,如枝叶徒长、软弱、抗病虫力差,花芽分化少,营养贮存少,开花坐果率低,根系生长也受影响,果实含糖量低,上色也不好。本书在计算气候适宜性指数时,将此因子进行极大值标准化。山东省年平均日照时数空间分布如图 9.2 所示。

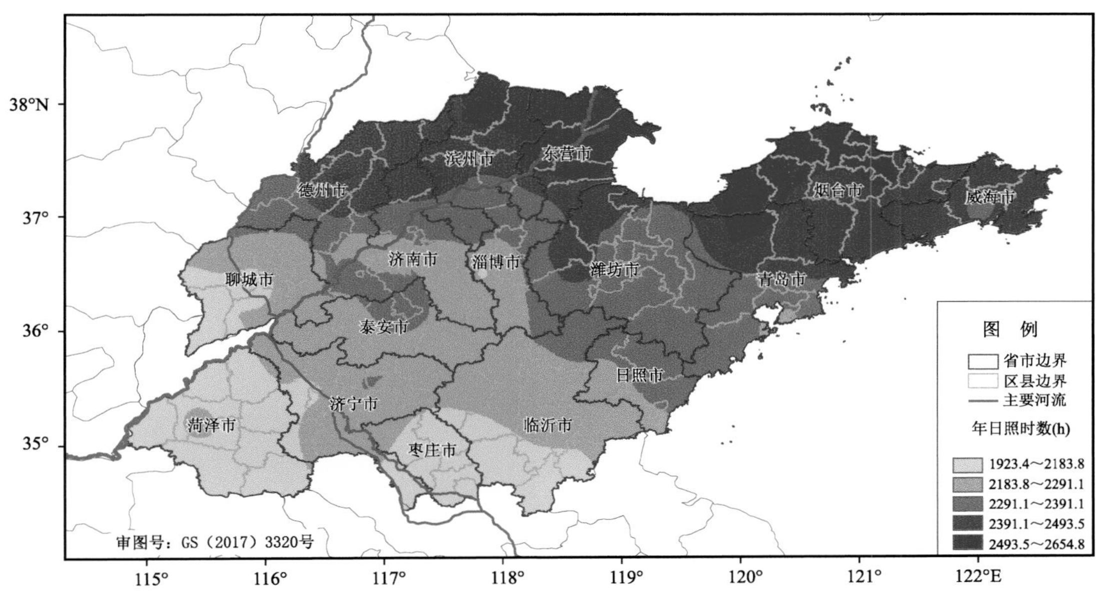

图 9.2　山东省年平均日照时数空间分布

可以看出,山东省年平均日照时数空间分布不均匀,整体上自北向南逐渐减少,鲁西北及半岛地区年日照时数较多,鲁中和鲁南地区较少。具体为:年平均日照时数全省平均值约为 2323.5 h;高值区主要分布在德州市、滨州市、东营市、威海市、烟台市、青岛市、潍坊市等地,最高值为 2654.8 h;低值区主要分布在菏泽市、济宁市、枣庄市、临沂市、日照市、聊城市、泰安市,济南市等地,最低值为 1923.4 h。

将山东省年平均日照时数采用自然分级法分为 5 级,分别为:1923.4～2183.8 h、2183.8～2291.1 h、2291.1～2391.1 h、2391.1～2493.5 h、2493.5～2654.8 h。山东省年平均日照时数最低值区(1923.4～2183.8 h)分布在枣庄市台儿庄区和山亭区,临沂市郯城区、兰陵县、罗庄区、临沭县南部等地,菏泽市曹县、单县、成武县、巨野县、郓城县、鄄城县、定陶区、东明县等地,聊城市莘县及冠县南部地区,面积约占全省总面积的 16.4%。年平均日照时数在 2183.8～2291.1 h 范围内的区域分布在济南市莱芜区、钢城区、章丘区等地,临沂市沂南县、蒙阴县、莒

南县、兰山区、平邑县等地，淄博市淄川区、博山区、淄川区、沂源县等地，日照市莒县及岚山区等地，济宁市汶上县、梁山县、嘉祥县、邹城市、鱼台县、兖州市、曲阜市、泗水县等地，聊城市阳谷县、冠县、茌平县、临清市等地，面积约占全省总面积的 27.0%。年平均日照时数在 2291.1～2391.1 h 范围内的区域分布在潍坊市临朐县、安丘市、昌乐县、奎文区、坊子区、诸城市、高密市等地，日照市五莲县、东港区等地，青岛市胶州市、黄岛区、崂山区等地；德州市夏津县、武城县等地，泰安市的岱岳区、泰山区等地，淄博市高青县、桓台县、临淄区等地，面积约占全省总面积的 24.7%。年平均日照时数在 2391.1～2493.5 h 范围内的区域分布在滨州市的惠民县、滨城区、阳信县等地，德州市临邑县、陵城区、乐陵市、宁津县、庆云县等地，潍坊市寿光市、青州市等地，青岛市的莱西市、平度市、莱阳市、海阳市等地，威海市乳山市、环翠区、荣成市等地，面积约占全省总面积的 21.5%。年平均日照时数在 2493.5～2654.8 h 范围内的区域分布在东营市的河口区、垦利区、利津县、东营区等地，滨州市无棣县、沾化区等地，青岛市的莱州市，烟台市的招远市、龙口市、蓬莱区等地，面积约占全省总面积的 10.4%。

（二）年平均降水量空间分布

从苹果本身在不同时期对水分的需要看，春天枝叶生长，开花坐果，这时缺水对产量影响最大。春季降水不足，枝叶生长量小，易落花落果；夏季高温，叶面积又大，通过叶片消耗的水分量是全年最多的时候，这时降水量不足使果实变小；秋季干旱影响树体积累营养，随之影响次年的生长。因此，本书在计算气候适宜性指数时，将此因子进行极大值标准化。山东省年平均降水量空间分布如图 9.3 所示。

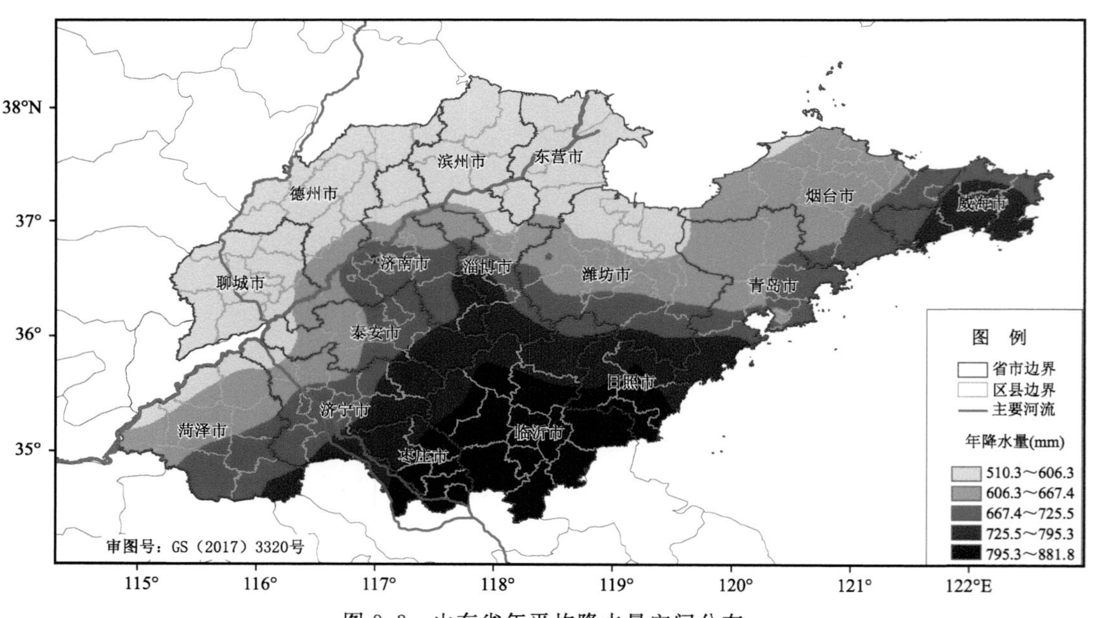

图 9.3 山东省年平均降水量空间分布

可以看出，山东省年平均降水量整体表现为自南向北逐渐减少，鲁南地区年平均降水量最多，半岛和鲁中部分地区年平均降水量略少，鲁西北地区年平均降水量最少。具体表现为：年平均降水量全省平均值约为 665.9 mm；高值区主要分布在枣庄市、济宁市、临沂市、日照市、威海市等地，最高值为 881.8 mm；低值区主要分布在聊城市、德州市、滨州市、东营市、淄博市、潍坊市等地，最低值为 510.3 mm。

将山东省年平均降水量采用自然分级法分为 5 级，分别为：510.3～606.3 mm、606.3～667.4 mm、667.4～725.5 mm、725.5～795.3 mm、795.3～881.8 mm。年平均降水量最低值区(510.3～606.3 mm)分布在东营市河口区、垦利区、利津县、东营区、广饶县等地，滨州市无棣县、沾化县、滨城区、阳信县、惠民县等地，德州市乐陵市、宁津县、陵城区、临邑县、禹城区夏津县、武城县等地，聊城市的莘县、冠县、高唐县、临清市、茌平县等地，潍坊市寿光市、寒亭区、潍城区、昌邑市等地，面积约占全省总面积的 27.7%。年平均降水量在 606.3～667.4 mm 范围内的区域分布在淄博市淄川区、张店区等地，潍坊市坊子区、昌乐县、安丘市、临朐县、高密市、青州市等地，菏泽市巨野县、郓城县、鄄城县、定陶区、东明县、牡丹区等地，青岛市平度市、胶州市、莱西市、莱州市等地，烟台市的招远市、龙口市、栖霞市、蓬莱区等地，面积约占全省总面积的 24.7%。年平均降水量在 667.4～725.5 mm 范围内的区域分布在菏泽市的曹县、单县、成武县等地，泰安市岱岳区、泰山区等地，济南市历城区、长清区等地，潍坊市临朐县、安丘市等地，烟台市的海阳市，青岛市即墨区、崂山市等地，威海市乳山市，面积约占全省总面积的 20.4%。年平均降水量在 725.5～795.3 mm 范围内的区域分布在日照市的莒县和五莲县等地，临沂市的沂水县、莒县等地，济宁市的鱼台县、泗水县、邹城市等地，面积约占全省总面积的 15.5%。年平均降水量最高值区(795.3～881.8 mm)分布在枣庄市的台儿庄区、山亭区等地，临沂市的郯城县、兰陵县、临沭县、罗庄区、费县、兰山区、莒南县等地，面积约占全省总面积的 11.7%。

(三)夏季平均气温日较差空间分布

夏季平均气温日较差是影响果实品质的一个重要因素。一天中白昼温度较高，光合作用旺盛，同化物积累较多；夜间温度较低，减少呼吸消耗。因而这种昼高夜低的变温对苹果生长有利，果实含糖分高，着色好，果皮厚，果粉多，耐贮藏。即夏季平均气温日较差越大，越有利于提高苹果品质。本书在计算气候适宜性指数时，将此因子进行极大值标准化。山东省夏平均气温日较差空间分布如图 9.4 所示。

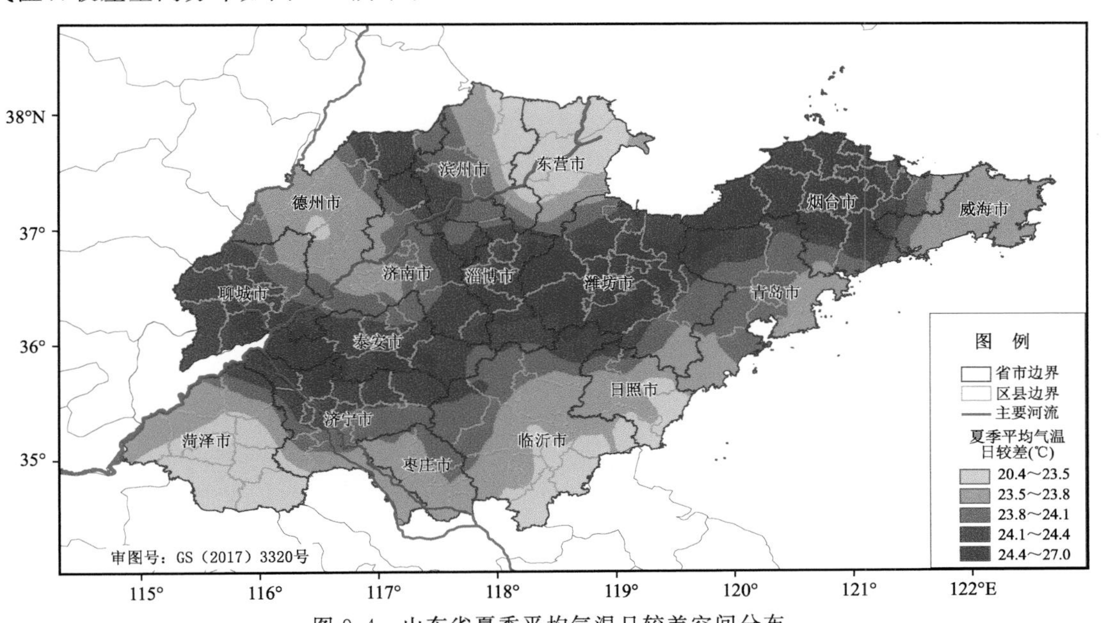

图 9.4　山东省夏季平均气温日较差空间分布

可以看出，山东省夏季平均气温日较差空间分布不均，鲁中大部分地区、半岛及鲁西北部分地区夏季平均气温日较差较大，鲁西北及鲁南部分地区夏季平均气温日较差较小。具体为：夏季平均气温日较差全省平均值约为 23.9 ℃；高值区主要分布在淄博市、潍坊市、泰安市、烟台市等地，最高值为 27.0 ℃；低值区主要分布在菏泽市、临沂市、枣庄市，东营市、德州市等地，最低值为 20.4 ℃。

将山东省夏季平均气温日较差采用自然分级法分为 5 级，分别为：20.4～23.5 ℃、23.5～23.8 ℃、23.8～24.1 ℃、24.1～24.4 ℃、24.4～27.0 ℃，可以看出，夏季平均气温日较差最低(20.4～23.5 ℃)的区域分布在东营市垦利区、利津县、广饶县、河口区等地，菏泽市曹县、单县、成武县、定陶县等地，临沂市郯城县、临沭县、河东区、兰山区等地，日照市东港区、五莲县、岚山区等地，面积约占全省总面积的 13.8%。夏季平均气温日较差在 23.5～23.8 ℃范围内的区域分布较为零散，主要分布在德州市平原县、临邑县、齐河县、陵城区、禹城市等地，菏泽市东明县、郓城县、鄄城县等地，枣庄市台儿庄区、薛城市等地，济宁市鱼台县、微山县等地，临沂市兰陵县、沂南县等地，面积约占全省总面积的 25.7%。夏季平均气温日较差在 23.8～24.1 ℃范围内的区域分布不均，主要分布在滨州市阳信县、庆云县等地，淄博市高青县，聊城市茌平县，德州市夏津县，临沂市平邑县、山亭区、蒙阴县等地，济宁市邹城市，潍坊市高密市，青岛市胶州市、莱西市等地，面积约占全省总面积的 21.5%。夏季平均气温日较差在 24.1～24.4 ℃范围内的区域分布在聊城市莘县、冠县、茌平县、临清市等地，泰安市岱岳区、新泰市、肥城市等地，济南市莱芜区、钢城区、章丘区等地，面积约占全省总面积的 21.6%。夏季平均气温日较差最高(24.4～27.0 ℃)的区域分布在潍坊市临朐县、昌乐县、安丘市、坊子区、奎文区、寒亭区、青州市等地，青岛市莱州市，烟台市招远市、栖霞市、龙口市、蓬莱区等地，济宁市汶上县及聊城市阳谷县夏季平均气温日较差也为最高值区，面积约占全省总面积的 17.4%。

(四)年平均气温空间分布

苹果适宜生长的年平均温度适宜范围是 7～14 ℃，温度过低，花芽分化不好，果小而酸，色泽差，不耐贮藏。本书在计算气候适宜性指数时，将此因子进行适宜区间标准化。山东省年平均温度空间分布如图 9.5 所示。

可以看出，山东省年平均气温整体上自西南向东北逐渐降低，鲁南大部和鲁中部分地区年平均气温最高；半岛地区较低。具体为：山东省年平均气温全省平均值约为 13.8 ℃；高值区主要分布在菏泽市、济宁市、枣庄市等地，最高值为 15.4 ℃；低值区主要分布在烟台市、威海市、青岛市等地，最低值为 11.9 ℃。

将山东省年平均气温采用自然分级法分为 5 级，分别为：11.9～13.0 ℃、13.0～13.5 ℃、13.5～14.0 ℃、14.0～14.5 ℃、14.5～15.4 ℃。年平均气温最低(11.9～13.0 ℃)的区域分布在威海市的文登市、荣成市、乳山市、环翠区等地，烟台市的龙口市、莱阳市、蓬莱区、招远市、栖霞市、海阳市等地，面积约占全省总面积的 11.4%。年平均气温在 13.0～13.5 ℃范围内的区域分布在青岛市胶州市、即墨市、平度市等地，潍坊市临朐县、昌乐县、诸城市、安丘市、高密市、昌邑市、坊子区、奎文区等地，滨州市无棣县、沾化区、滨城区以及德州市乐陵市、宁津县、陵城区等地，面积约占全省总面积的 28.1%。年平均气温在 13.5～14.0 ℃范围内的区域分布在东营市东营区、垦利区、河口区、广饶县、利津县等地，潍坊市寿光市、青州市等地，聊城市阳谷县、莘县、茌平县、冠县、高唐县、临清市等地，德州市夏津县、平原县、武城县、禹城市等地，临沂市蒙阴县、沂南县等地，日照市五莲县、东港区、岚山区等地，面积约占全省总面积的

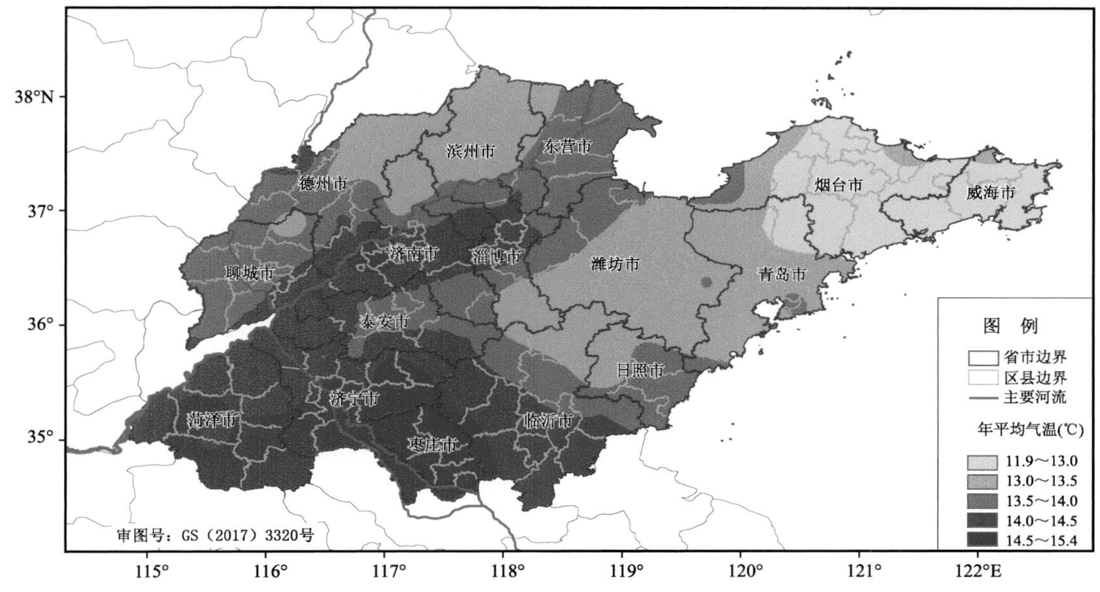

图 9.5　山东省年平均气温空间分布

25.6%。年平均气温在 14.0～14.5 ℃范围内的区域分布在淄博市桓台县、淄川区等地，济南市章丘区、长清区、历城区等地，菏泽市东明县、巨野县、郓城县、鄄城县等地，济宁市汶上县、梁山县、嘉祥县、兖州区等地，临沂市费县、平邑县、郯城县、临沭县、兰山区等地，面积约占全省总面积的 22.0%。年平均气温最高值区(14.5～15.4 ℃)分布在枣庄市台儿庄区、山亭区、薛城区等地，菏泽市曹县、单县、成武县、牡丹区等地，面积约占全省总面积的 12.9%。

(五)生长季≥10 ℃活动积温(4—10 月)空间分布

苹果生长季≥10 ℃活动积温不只会影响苹果开花期早晚，还会对苹果新梢生长和花芽分化等产生影响，苹果生长季≥10 ℃活动积温越大，越有利于叶面积大量生长，促进苹果花芽分化等。本书在计算气候适宜性指数时，将此因子进行极大值标准化。苹果生长季≥10 ℃活动积温空间分布如图 9.6 所示。

可以看出，苹果生长季≥10 ℃活动积温整体上自西向东逐渐降低，鲁南、鲁西北和鲁中地区苹果生长季≥10 ℃活动积温较多，半岛大部分地区较低。具体为：苹果生长季≥10 ℃活动积温全省平均值约为 4472.7 ℃·d；高值区主要分布在：菏泽市、济宁市、枣庄市、临沂市、日照市、聊城市、德州市、滨州市、东营市、淄博市、潍坊市、济南市、泰安市等地，最高值为 4777.2 ℃·d；低值区仅分布在威海市、青岛市以及烟台市等地，最低值为 3670.3 ℃·d。

将苹果生长季≥10 ℃活动积温分为采用自然分级法分为 5 级，分别为：3670.3～4084.4 ℃·d、4084.4～4313.5 ℃·d、4313.5～4460.4 ℃·d、4460.4～4568.5 ℃·d、4568.5～4777.2 ℃·d。苹果生长季≥10 ℃活动积温最低值区(3670.3～4084.4 ℃·d)分布在威海市的文登区、荣成市等地，面积约占全省总面积的 3.0%。苹果生长季≥10 ℃活动积温在 4084.4～4313.5 ℃·d 范围内的区域分布在青岛市平度市、胶州市、即墨区、黄岛区、崂山区等地，烟台市栖霞市、莱阳市、海阳市、蓬莱区、招远市等地，面积约占全省总面积的 15.0%。苹果生长季≥10 ℃活动积温在 4313.5～4460.4 ℃·d 范围内的区域分布在潍坊市安丘市、诸城市、高密市、昌乐县等

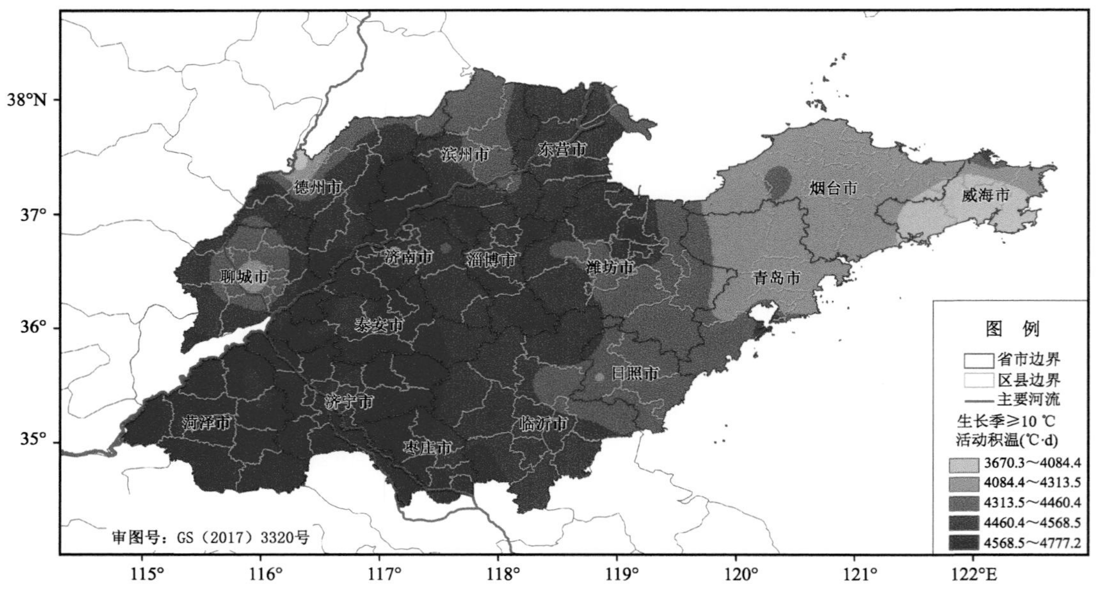

图 9.6 苹果生长季≥10 ℃活动积温(4—10 月)空间分布

地，日照市莒县、五莲县、东港区、岚山区等地，临沂市沂南县和莒南县等地，面积约占全省总面积的 20.0%。苹果生长季≥10 ℃活动积温在 4460.4～4568.5 ℃·d 范围内的区域分布在潍坊市寿光市、临朐县、潍城区等地，济南市莱芜区、章丘区等地，临沂市郯城县、临沭县、罗庄区、兰山区、费县、平邑县、蒙阴县等地，东营市东营区、利津县、垦利区、河口区、广饶县等地，聊城市莘县、冠县等地，德州市夏津县、禹城市等地，面积约占全省总面积的 34.0%。苹果生长季≥10 ℃活动积温最高值区(4568.5～4777.2 ℃·d)分布在菏泽市曹县、单县、成武县、巨野县、郓城县、鄄城县、定陶区、东明县等地，济宁市微山县、鱼台县、金乡县、嘉祥县、泗水县、曲阜市、兖州市、邹城市等地，泰安市岱岳区、泰山区等地，枣庄市台儿庄区、薛城区等地，面积约占全省总面积的 28.0%。

(六)最冷月平均气温空间分布

最冷月平均气温与苹果的生长有密切的关系。如果最冷月平均气温过低，不能满足苹果树休眠期所需要的温度时，春季发芽不齐，导致苹果质量下降，产量也会随之降低。因此，本书在计算气候适宜性指数时，对该因子进行极大值标准化。1 月为山东省最冷月，山东省 1 月平均气温空间分布如图 9.7 所示。

可以看出，山东省 1 月平均气温整体上自南向北逐渐降低，鲁南大部和鲁中部分地区最冷月平均气温较高，鲁西北和半岛部分地区较低。具体为：1 月平均气温全省平均值约为－1.2 ℃；高值区主要分布在菏泽市、枣庄市、济宁市、日照市等地，最高值为 1.0 ℃；低值区主要分布在烟台市、东营市、滨州市、德州市、聊城市、潍坊市等地，最低值为－3.1 ℃。

将山东省 1 月平均气温采用自然分级法分为 5 级，分别为：－3.1～－2.1 ℃、－2.1～－1.5 ℃、－1.5～－0.9 ℃、－0.9～－0.2 ℃、－0.2～1.0 ℃。1 月平均气温最低(－3.1～－2.1 ℃)的区域分布在东营市的河口区、利津县等地，滨州市的惠民县、阳信县、无棣县、沾化县、博兴县等地，德州市的陵城区、宁津县等地，潍坊市的潍城区、昌乐县等地，烟台市栖霞市、

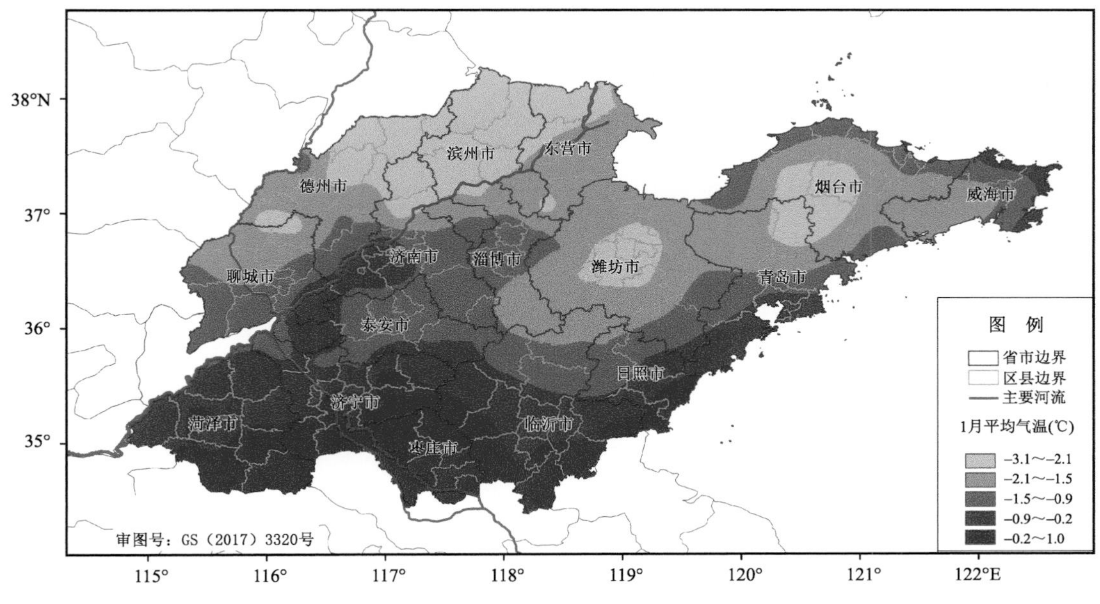

图 9.7　山东省 1 月平均气温空间分布

莱阳市等地，面积约占全省总面积的 15.3%。在－2.1～－1.5 ℃范围内的区域分布在聊城市冠县、临清市、茌平县等地，德州市的武城县、平原县、德城区等地，潍坊市寿光市、临朐县、安丘市、青州市等地，青岛市平度市、即墨区等地，面积约占全省总面积的 28.0%。在－1.5～－0.9 ℃范围内的区域分布在济南市莱芜区、章丘区等地，淄博市淄川区、临淄区等地，临沂市沂南县、莒县等地，聊城市莘县、阳谷县等地，潍坊市诸城市、高密市等地，面积约占全省总面积的 23.6%。在－0.9～－0.2 ℃范围内的区域分布在菏泽市的东明县、甄城县、郓城县、巨野县等地，济宁市汶上县、兖州区、泗水县等地，临沂市费县、平邑县、兰山区、罗庄区、莒南县等地，面积约占全省总面积的 18.5%。最高(－0.2～1.0 ℃)的区域分布在菏泽市曹县、单县、成武县等地，济宁市鱼台县、金乡县、邹城市等地，临沂市郯城县、临沭县、兰陵县等地，枣庄市台儿庄区、山亭区、薛城区等地，面积约占全省总面积的 14.6%。

(七)夏季平均气温空间分布

夏季为苹果树生长发育最为旺盛的时期，夏季平均气温适宜范围是 21.4～24 ℃，夏季平均气温过高，日照强，苹果果实局部可能会发生日灼，而温度过低会减缓苹果发育。本书在计算气候适宜性指数时，将此因子进行适宜区间标准化。山东省夏季平均气温空间分布如图 9.8 所示。

可以看出，山东省夏季平均气温整体上自西向东逐渐降低，鲁南、鲁西北和鲁中地区夏季平均气温较高，半岛部分地区较低。具体为：夏季平均气温全省平均值约为 25.7 ℃；高值区主要分布在菏泽市、济宁市、枣庄市、临沂市、日照市，聊城市、德州市、滨州市、东营市，淄博市、济南市、潍坊市、青岛市、临沂市等地，最高值为 26.9 ℃；低值区仅分布在威海市、烟台市，最低值为 21.4 ℃。

将山东省夏季平均气温采用自然分级法分为 5 级，分别为：21.4～23.9 ℃、23.9～24.8 ℃、24.8～25.5 ℃、25.5～26.2 ℃、26.2～26.9 ℃。夏季平均气温最低值区(21.4～23.9 ℃)分

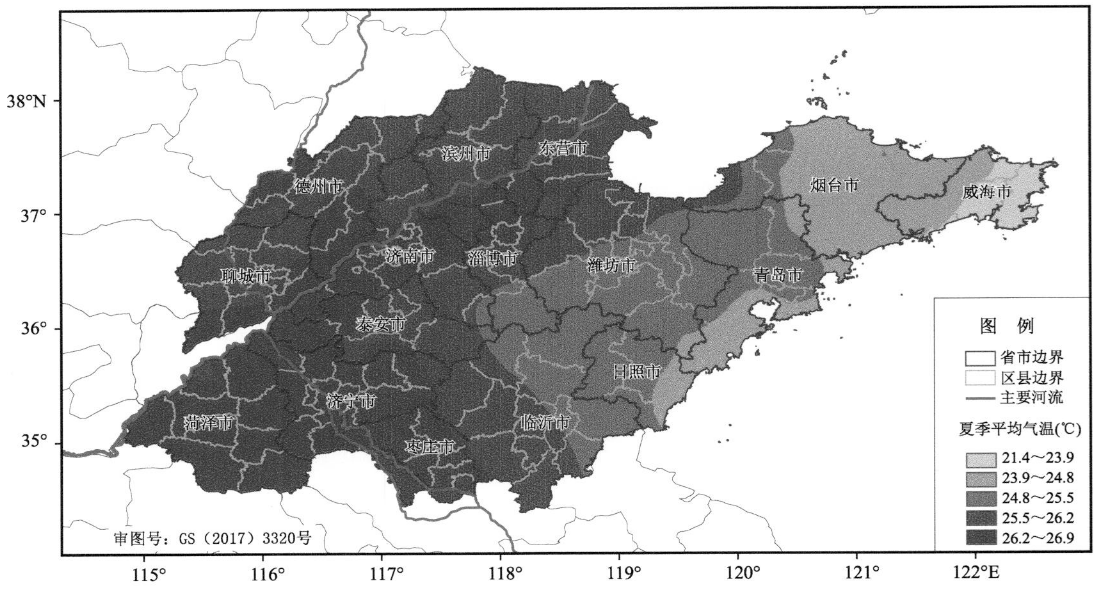

图 9.8　山东省夏季平均气温空间分布

布在威海市文登区、荣成区、环翠区等地，面积约占全省总面积的 2.0%。夏季平均气温在 23.9～24.8 ℃范围内的区域分布在烟台市的栖霞市、莱阳市、莱西市、蓬莱区等地，青岛市莱西市、黄岛区、崂山市等地，面积约占全省总面积的 12.0%。夏季平均气温在 24.8～25.5 ℃范围内的区域分布在潍坊市的昌邑市、坊子区、安丘市、昌乐县、临朐县、诸城市等地，日照市的莒县、五莲县等地，临沂市的沂水县、沂南县、莒南县、河东区等地，面积约占全省总面积的 21.8%。夏季平均气温在 25.5～26.2 ℃范围内的区域分布在东营市的河口区、利津县等地，滨州市的沾化区、阳信县等地，德州市陵城区、宁津县、庆云县、临邑县、平原县、夏津县、乐陵市等地，聊城市冠县、茌平县、临清市等地，潍坊市的寿光市、寒亭区和青州市等地，济南市的莱芜区、钢城区等地，泰安市的新泰市、岱岳区、泰山区等地，临沂市的费县、平邑县、郯城县、兰山区、罗庄区等地，面积约占全省总面积的 32.2%。夏季平均气温最高值区(26.2～26.9 ℃)分布在菏泽市的曹县、单县、定陶县、牡丹区、郓城县、鄄城县、巨野县等地，济宁市的金乡县、鱼台县、兖州区、汶上县、邹城市等地，聊城市的莘县、阳谷县等地，济南市的历城区、长清区、章丘区、周村区等地，淄博市的张店区、桓台县、高青县等地，面积约占全省总面积的 32.0%。

(八)夏季平均相对湿度空间分布

苹果生长发育要求相对湿度较高，如果果实发育期空气相对湿度较小，果面光洁度、着色、香气和耐贮性会降低，病虫害严重。本书在计算气候适宜性指数时，对该因子进行极大值标准化。山东省夏季平均相对湿度(6—8 月)空间分布如图 9.9 所示。

山东省夏季平均相对湿度(6—8 月)整体上自东向西逐渐降低，半岛地区夏季平均相对湿度较高；鲁中大部、鲁南及鲁西北部分地区夏季平均相对湿度较低。具体为：夏季平均相对湿度全省平均值约为 74.8%；高值区主要分布在烟台市、威海市、青岛市、日照市、临沂市等地，最高值为 89.8%；低值区主要分布在聊城市、东营市、滨州市，淄博市、济南市、济宁市等地，最低值为 67.2%。

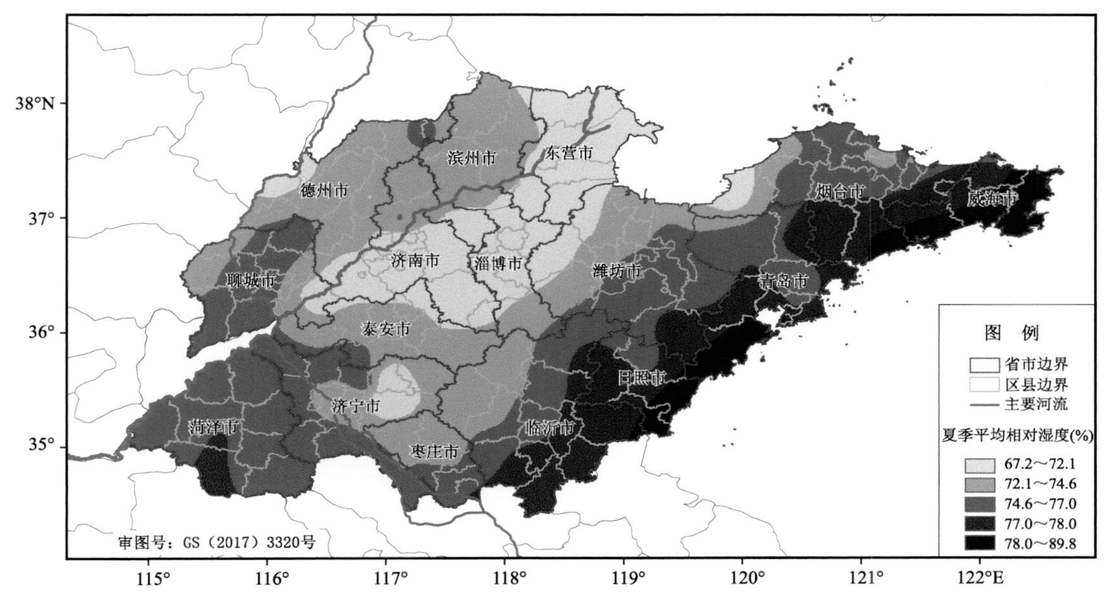

图 9.9　山东省夏季(6—8 月)平均相对湿度空间分布

将山东省夏季平均相对湿度采用自然分级法分为 5 级，分别为：67.2%～72.1%、72.1%～74.6%、74.6%～77.0%、77.0%～78.0%、78.0%～89.8%。夏季平均相对湿度最低值区(67.2%～72.1%)分布在东营市垦利区、利津县、东营区、河口区、广饶县等地，淄博市桓台县、高青县、临淄区、沂源县等地，济南市莱芜区、钢城区、历城区、长清区等地，面积约占全省总面积的 18.0%。夏季平均相对湿度在 72.1%～74.6%范围内的区域分布在滨州市惠民县、阳信县、无棣县、沾化县等地，德州市陵城区、宁津县、庆云县、临邑县、平原县、夏津县、乐陵市、禹城市等地，潍坊市临朐县、潍城区、寒亭区等地，临沂市平邑县、蒙阴县等地，枣庄市山亭区，济宁市任城区、泗水县等地，面积约占全省总面积的 30.5%。夏季平均相对湿度在 74.6%～77.0%范围内的区域分布在菏泽市单县、成武县、巨野县、郓城县、鄄城县、定陶区、东明县等地，济宁市微山县、鱼台县、金乡县、嘉祥县、汶上县、泗水县、梁山县、兖州区等地，聊城市莘县、阳谷县、茌平县等地，潍坊市高密市、安丘市等地，青岛市平度市、即墨区等地，烟台市栖霞市、招远市、蓬莱区等地，临沂市沂水县、沂南县、兰山区等地，面积约占全省总面积的 31.8%。夏季平均相对湿度在 77.0%～78.0%范围内的区域分布在临沂市郯城县、临沭县、河东区、莒南县、罗庄区等地，日照市莒县、五莲县等地，青岛市莱西市、海阳市、胶州市、崂山区等地，面积约占全省总面积的 14.7%。夏季平均相对湿度最高值区(78.0%～89.8%)仅分布在威海市文登区、荣成区，青岛市黄岛区，日照市东港区及岚山区部分地区，面积约占全省总面积的 5.0%。

二、苹果气候适宜性区划

将影响苹果生长发育的关键气候因子进行累加，其表达式为：

$$Y_{\text{气候}} = \sum_{i=1}^{8} \lambda_i X_i \qquad (i = 1,2,\cdots,8) \tag{9.1}$$

式中，$Y_{气候}$表示苹果气候适宜性指数，X_i为气候因子，λ_i为权重。将气候因子标准化后乘以对应权重，进行空间叠加得到最终气候适宜性区划结果。采用自然分级法进行分级，得到苹果气候适宜性区划结果如图 9.10 所示。

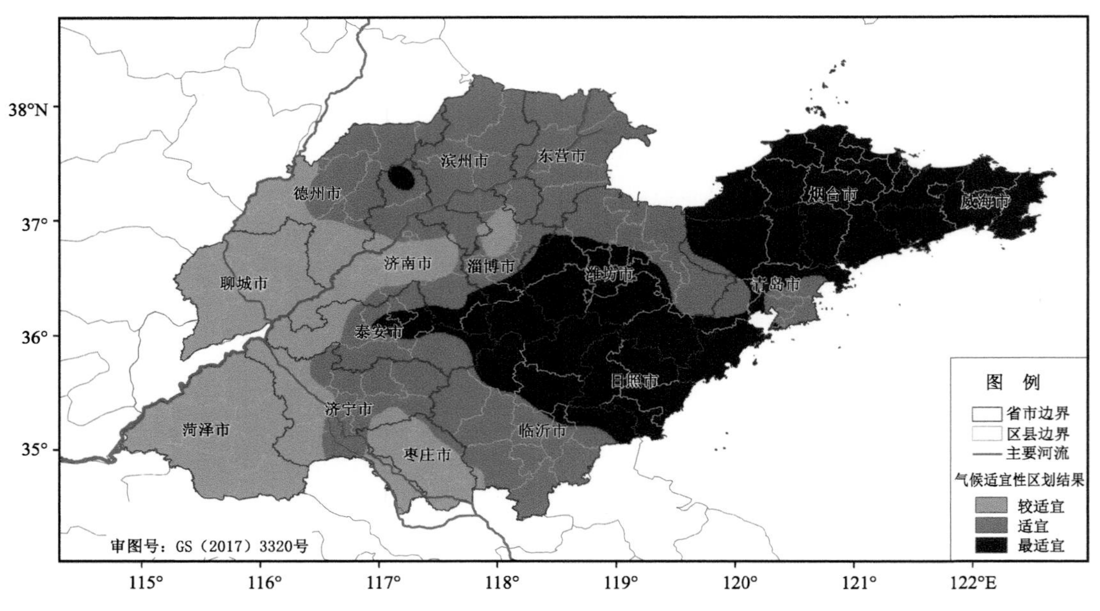

图 9.10 山东省苹果气候适宜性区划结果空间分布

山东省苹果气候适宜性区划结果显示，苹果气候适宜性总体呈现由东向西逐渐降低。最适宜区分布在威海市、烟台市、青岛市、潍坊市、日照市、淄博市和临沂市等地，面积约占全省总面积的 35.3%；适宜区分布在东营市、滨州市、泰安市、济宁市、临沂市等地，面积约占全省总面积的 37.3%；较适宜区分布在菏泽市、枣庄市、聊城市、德州市、济南市等地，面积占比约为 27.4%。

第三节 综合区划

将气候适宜性区划结果、地形适宜性区划结果和土壤适宜性区划结果标准化后进行空间叠加，得到苹果精细化农业气候资源区划综合结果，其计算公式为：

$$Y = \lambda_1 Y_{气候} + \lambda_2 Y_{地形} + \lambda_3 Y_{土壤} \tag{9.2}$$

式中，Y 为农业气候资源综合指数，$\lambda_1 = 0.70$，$\lambda_2 = 0.10$，$\lambda_3 = 0.20$。采用自然分级法进行分级，得到山东省苹果精细化农业气候资源区划结果见图 9.11 所示。

综合气候、地形、土壤三大因子，可以看出，山东苹果适宜性较好，大部分区域均为最适宜和适宜。区划结果整体呈现出东部高西部低特点。最适宜主要分布在烟台市、青岛市、威海市、日照市、潍坊市、淄博市、泰安市等地；适宜区在全省均有分布；较适宜区主要分布在菏泽市，以及聊城市、德州市、济南市、枣庄市、济宁市等地部分地区。最适宜、适宜、较适宜区分别占全省面积的 29.7%、44.4%、25.9%。

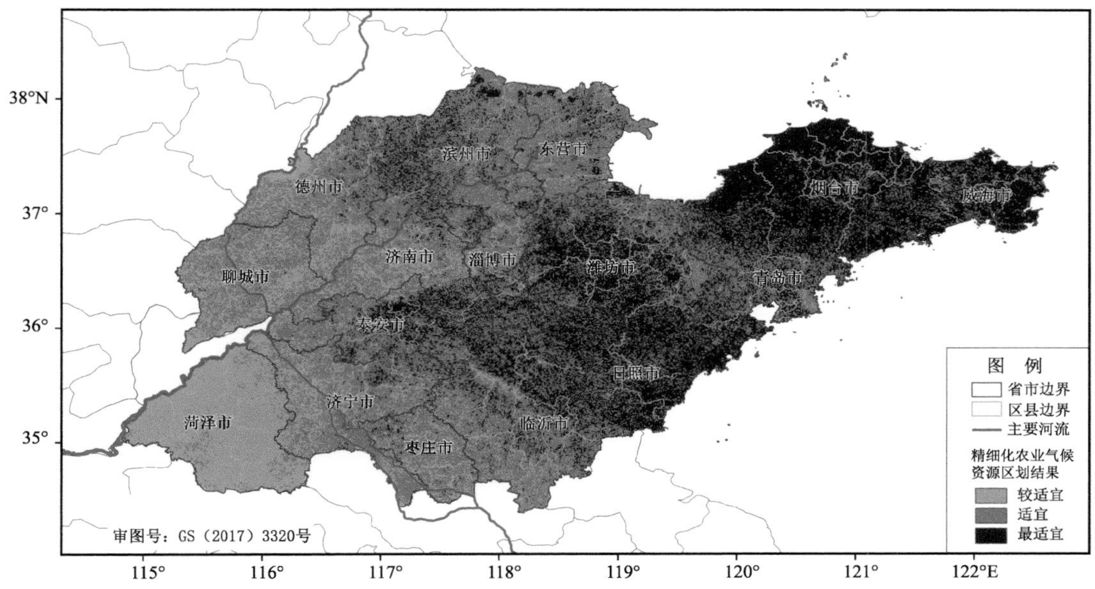

图 9.11　山东省苹果精细化农业气候资源区划结果空间分布

为了使区划更加精确，在考虑气候、地形、土壤三大因子区划的基础上，进一步考虑山东省的土地利用类型，将水域、城乡、工矿、居民用地等土地利用类型区域剔除，得到山东苹果精细化农业气候资源综合区划(图 9.12)。

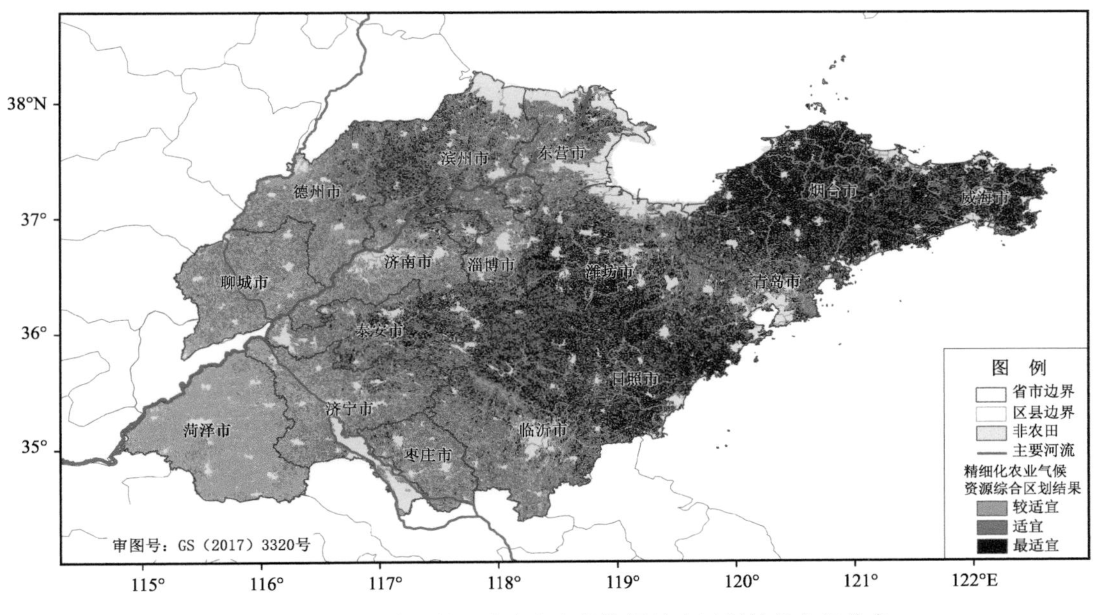

图 9.12　山东省苹果精细化农业气候资源综合区划结果空间分布

由图 9.12 可以看出，最适宜区主要分布在烟台市、青岛市、威海市、日照市、潍坊市、淄博市、泰安市等地，面积约占全省总面积的 23.9％；适宜区在全省均有分布，面积约占全省总面积的 31.3％；较适宜区主要分布在菏泽市，以及聊城市、德州市、济南市、枣庄市、济宁市等地部分地区，面积约占全省总面积的 21.3％。